Sitzungsberichte
der Akademie der Wissenschaften
der DDR
Mathematik – Naturwissenschaften – Technik

20 N

1982

Horst Blumenauer

Zur werkstoffmechanischen Interpretation von Bruchkenngrößen

AKADEMIE-VERLAG · BERLIN

Sitzungsberichte
der Akademie der Wissenschaften
der DDR
Mathematik — Naturwissenschaften — Technik

Jahrgang 1982 · Nr. 20/N

Horst Blumenauer

Zur werkstoffmechanischen Interpretation von Bruchkenngrößen

AKADEMIE-VERLAG · BERLIN
1983

Vortrag von Horst Blumenauer, Korrespondierendes Mitglied der Akademie der Wissenschaften der DDR, gehalten am 8. Oktober 1981 vor der Klasse Werkstoffwissenschaft

Herausgegeben im Auftrage
des Präsidenten der Akademie
der Wissenschaften der DDR
von Vizepräsident Prof. Dr. Heinrich Scheel

ISSN 0138-3956
Erschienen im Akademie-Verlag, DDR-1086 Berlin, Leipziger Str. 3-4

Lizenznummer: 202 · 100/49/83
Printed in the German Democratic Republic
Gesamtherstellung: VEB Druckhaus Köthen
LSV 1185
Bestellnummer: 763 179 0 (2010/82/20/N)
DDR 5,— M

1. Einleitung

Der Zwang zur höheren Veredlung der Werkstoffe und zur vollständigen Ausnutzung der dadurch erzielten Eigenschaften stellt neue Anforderungen an die Grundlagenforschung, die nur in engem Zusammenwirken von Werkstoffwissenschaftlern, Festkörperphysikern und Festkörpermechanikern erfüllt werden können. Zu den grundlegenden Aufgaben gehört die Aufklärung des Zusammenhanges zwischen der Mikrostruktur der Werkstoffe und ihren makroskopischen Eigenschaften [1, 2]. Dies gilt vor allem für das Festigkeits- und Bruchverhalten, da die gegenwärtig zur Dimensionierung, Werkstoffauswahl und Qualitätssicherung genutzten Werkstoffkenngrößen die in einem mechanisch beanspruchten Werkstoff ablaufenden Schädigungsvorgänge nicht oder nur unzureichend widerspiegeln [3 - 6].

Die Verbindung mikroskopischer und makroskopischer Aspekte bei der Analyse der mechanischen Eigenschaften der Werkstoffe kann wohl am besten mit dem Begriff Werkstoffmechanik - manchmal wird auch von einer Strukturmechanik oder Mikromechanik gesprochen - charakterisiert werden. Im Mittelpunkt dieser Betrachtungsweise steht die Bruchmechanik mit ihren Möglichkeiten zur einheitlichen und quantitativen Beschreibung der vom komplexen Zusammenwirken verschiedener Faktoren (Abb. 1) abhängigen Brucherscheinungen [7, 8].

Die einheitliche Basis der Bruchmechanik besteht darin, daß ein Bruch trotz der Unterschiede in den äußeren Merkmalen immer das Ergebnis der Ausbreitung von Rissen ist, wobei die Risse entweder während der Fertigung (Schweißrisse, Härterisse) oder im Betriebszustand (Ermüdung, Korrosion, Überbeanspruchung) entstehen können. Der gesamte Bruchprozeß kann demnach in die aufeinanderfolgenden Stadien der Rißbildung, Rißeinleitung (ein vorhandener Anriß beginnt sich zu vergrößern) und Rißausbreitung untergliedert werden (Abb. 2). Einige mikrostrukturelle Mechanismen der Rißausbreitung in metallischen und nichtmetallischen Werkstoffen sind in Abb. 3 schematisch dargestellt.

Auf der Basis der Bruchmechanik wurden Versagenskriterien entwickelt, die sich bei Sicherheitsanalysen, vor allem in der Energietechnik, Hochdruckchemie sowie im Schiff-, Fahrzeug- und Maschinenbau bewährt haben [9 bis

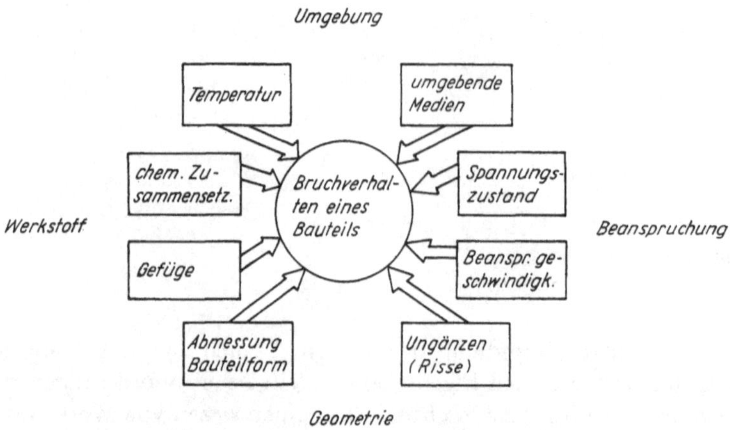

Abb. 1 Einflußfaktoren beim Bruch

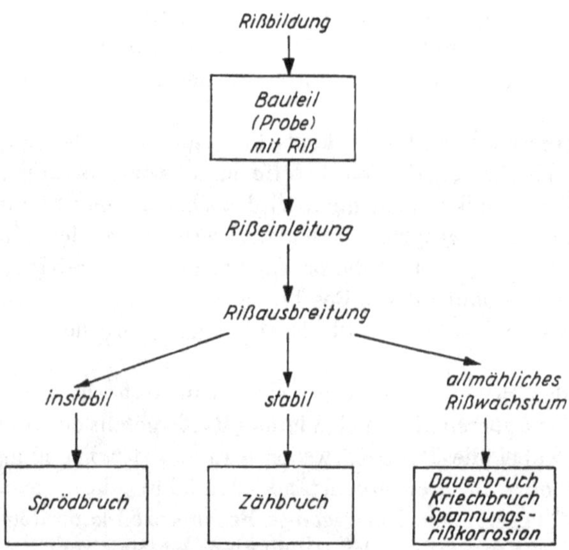

Abb. 2 Rißeinleitung und Rißausbreitung

12]. Die Grundlage für die Anwendung derartiger Versagenskriterien bildet die Ermittlung der in Tab. 1 zusammengestellten bruchmechanischen Werkstoffkenngrößen in enger Verbindung mit dem Einsatz zerstörungsfreier Prüfverfahren zur Fertigungs- und Betriebsüberwachung. Gegenüber den konventio-

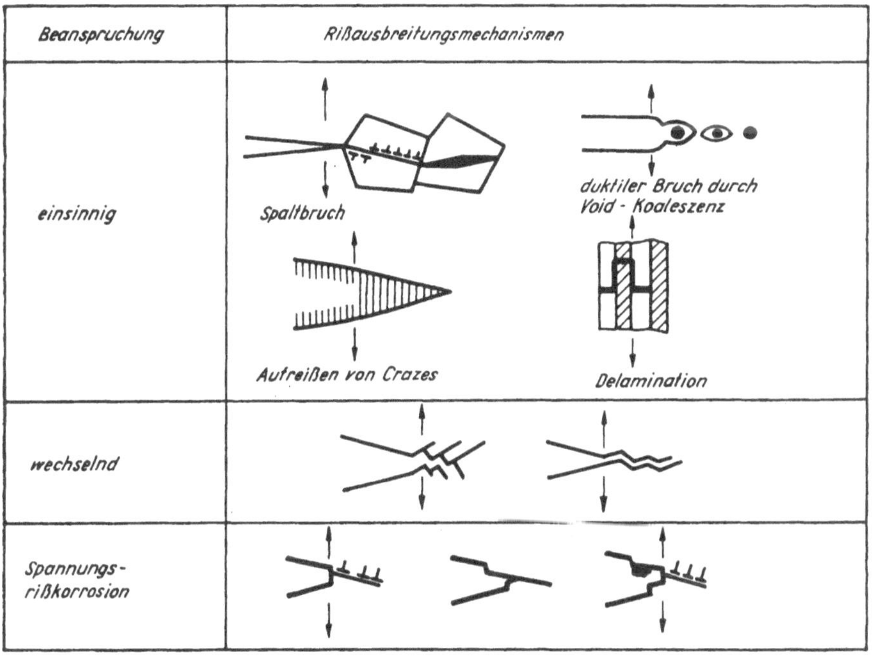

Abb. 3 Grundmechanismen der Rißausbreitung in metallischen und nichtmetallischen Werkstoffen

nellen Festigkeits- und Zähigkeitskenngrößen besteht der Vorteil dieser neuen Kenngrößengeneration darin, daß sie aus kontinuumsmechanischen Analysen des belastungs-, geometrie- und werkstoffabhängigen Spannungs- bzw. Verformungsfeldes an der Rißspitze abgeleitet werden und die experimentelle Kennwertermittlung an Proben mit einem – im allgemeinen durch Schwingbeanspruchung erzeugten – scharfen Anriß erfolgt. Ausgehend von dem Vergleich bruchmechanischer Parameter der Beanspruchung mit den bruchmechanischen Werkstoffkennwerten (Tab. 2) lassen sich Bruchkriterien für alle in der Praxis auftretenden Brucherscheinungen bzw. Beanspruchungsfälle angeben.

Diese Bruchkriterien finden nicht nur Anwendung als neuartige Dimensionierungs- und Überwachungsmethoden für bruchgefährdete Bauteile, sondern sie sind gleichermaßen zu einer wichtigen Grundlage der Werkstoffentwicklung und -auswahl geworden. Eine Forderung im Hinblick auf die zunehmende

Tabelle 1 Zusammenstellung konventioneller und bruchmechanischer Werkstoffkenngrößen

Mechanismus der Rißausbreitung	makroskopische Brucherscheinung	konventionelle Werkstoffkenngrößen	bruchmechanische Werkstoffkenngrößen
instabil (statische Beanspruchung)	Sprödbruch	Zugfestigkeit R_m	K_{Ic} (K_{IIc}, K_{IIIc}), δ_c, J_{Ic}, S_c
instabil (schlagartige Beanspruchung)	Sprödbruch	Kerbschlagzähigkeit KC, Übergangstemperatur $T_{ü}$	K_{Id}, δ_{cd}, J_{Id}
stabil (einsinnige Beanspruchung)	Zähbruch	Streckgrenze R_e, Zugfestigkeit R_m, Verfestigungsexponent n	δ_i, J_{Ii}, R-Kurve, Reißmodul T
stabil (zyklische Beanspruchung)	Ermüdungsbruch	Wöhlerkurve, Dauerschwingfestigkeit σ_D	da/dN-Kurve, ΔK_{th}
stabil (Medieneinfluß)	Spannungsrißkorrosion	Standzeit, krit. Spannung	da/dt-Kurve, K_{Iscc}
stabil (Kriechen)	Kriechbruch	Zeitstandkurve, Zeitstandfestigkeit	da/dt-Kurve, $\dot{J}$-Integral
Rißarretierung	Rißstop	Rißauffangzähigkeit CAT, Null-Zähigkeits-Temperatur NDT	K_{Ia}

Anwendung der bruchmechanischen Werkstoffkenngrößen in dieser Richtung besteht gegenwärtig darin, quantitative Zusammenhänge zwischen den kontinuumsmechanisch abgeleiteten Bruchparametern, den mikrostrukturellen Schädigungsmechanismen der Rißeinleitung und -ausbreitung sowie dem Gefüge der Werkstoffe herzustellen, so daß durch gezielte Gefügeveränderungen eine Eigenschaftsoptimierung mit dem Ziel eines hohen Bruchwiderstands ermöglicht wird [13 - 16].

Über einige Ergebnisse und zukünftige Arbeiten in dieser Richtung soll nachfolgend am Beispiel ausgewählter bruchmechanischer Kenngrößen berichtet werden.

Tabelle 2 Bruchmechanische Parameter der Beanspruchung und Kenngrößen der Beanspruchbarkeit (Auswahl)

Bruchmechanik-Konzepte (Auswahl)	Kenngrößen der Beanspruchung (Charakterisierung des rißspitzennahen Spannungs- und Verformungsfeldes)	Kenngrößen der Beanspruchbarkeit (Werkstoffeigenschaften)
LEBM (linear-elastische Bruchmechanik)	Spannungsintensitätsfaktor $K_I (K_{II}, K_{III})$	Bruchzähigkeit K_{Ic} (K_{IIc}, K_{IIIc}), K_{Iscc}
EPM (elastisch-plastische Bruchmechanik)	Rißöffnungsverschiebung δ (COD)	kritische Rißöffnungsverschiebung: δ_c bei instabiler bzw. δ_i bei stabiler Rißeinleitung
	J-Integral	kritischer Wert des J-Integrals: J_{Ic} bei instabiler bzw. J_i bei stabiler Rißeinleitung
Rißwachstum bei Ermüdung	zyklischer Spannungsintensitätsfaktor ΔK	unterer Grenzwert des zyklischen Spannungsintensitätsfaktors ΔK_{th}
	↓ ermittelt mit analytischen, numerischen und experimentellen Methoden der *Festkörpermechanik*	↓ ermittelt mit Methoden der *Werkstoffprüfung*

2. Bruchmechanische Werkstoffkenngrößen und ihre Beziehungen zur Mikrostruktur

2.1. *Bruchzähigkeit*

Die Bruchzähigkeit K_{Ic} ist der zur instabilen Rißausbreitung führende kritische Wert des Spannungsintensitätsfaktors K_I. Dieser von Irwin vor etwa 30 Jahren eingeführte Parameter, der das Spannungsfeld an der Rißspitze unter Annahme eines linear-elastischen Werkstoffverhaltens bis zum Bruch charakterisiert, kann auch aus einer Energiebilanz abgeleitet werden. Bei ideal spröden Werkstoffen ist der einer instabilen, d.h. unter Energiefreisetzung verlaufenden Rißausbreitung entgegenwirkende Rißwiderstand R gegeben durch

$$R = \frac{K_{Ic}^2(1-\nu^2)}{E} \approx 2\gamma_0 \tag{1}$$

γ_0 ist die wahre Oberflächenenergiedichte, die zur Bildung der neuen Rißoberfläche erforderlich ist.

Zu dieser von GRIFFITH 1920 als Materialkonstante eingeführten Größe γ_0 kommen allerdings noch weitere Energieanteile, die sich aus der Rißausbreitung ergeben (Bildung neuer Versetzungen, Wärmeentwicklung, Bewegung der Bruchflächen), hinzu. Deshalb wird der Bruchwiderstand von einer komplexen Größe, der Bruchflächenenergiedichte $\gamma_{eff} \gg \gamma_0$, bestimmt (Abb. 4). Infolge der von der Realstruktur der Werkstoffe und den Beanspruchungsbedingungen abhängigen unterschiedlichen Größe der einzelnen Energieanteile ist eine theoretische Berechnung von γ_{eff} und damit von R bisher noch nicht möglich,

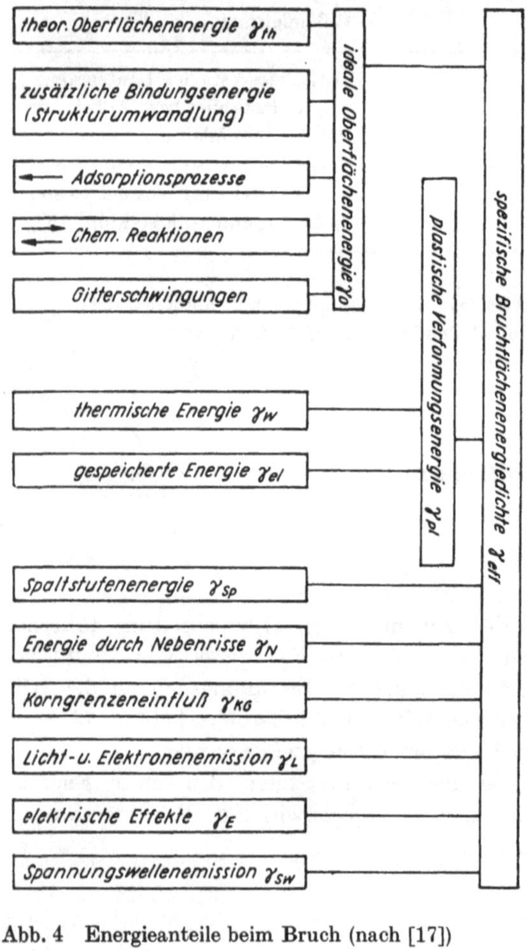

Abb. 4 Energieanteile beim Bruch (nach [17])

so daß eine Vorhersage des zur instabilen Rißausbreitung führenden kritischen Zustandes die experimentelle Ermittlung bruchmechanischer Werkstoffkennwerte voraussetzt.

Das Konzept der linear-elastischen Bruchmechanik (LEBM) behält auch noch seine Gültigkeit, wenn es an der Rißspitze infolge der dort vorliegenden Spannungskonzentration zu plastischen Verformungen kommt, vorausgesetzt, daß die Größe dieser sog. plastischen Zone klein bleibt gegenüber den charakteristischen Abmessungen der Rißlänge bzw. Breite des ungerissenen Ligaments (Kleinbereichsfließen).

Die in allen Werkstoffen auftretende plastische Zone ist ein Bereich stark inhomogener Verformung, wie Abb. 5 zeigt. Aus der Sicht des Energiekonzepts kann die Funktion der plastischen Zone so gedeutet werden, daß sie den für den Bruchvorgang erforderlichen Energiefluß vom elastischen Kontinuum zur Rißspitze abschirmt. Für den Radius der in grober Näherung als kreisförmig angenommenen Ausdehnung der plastischen Zone wurde von Mc Clintock und Irwin [18] die Beziehung

$$r_{pl} = S\left(\frac{K_I}{R_{p0,2}}\right)^2 \tag{2}$$

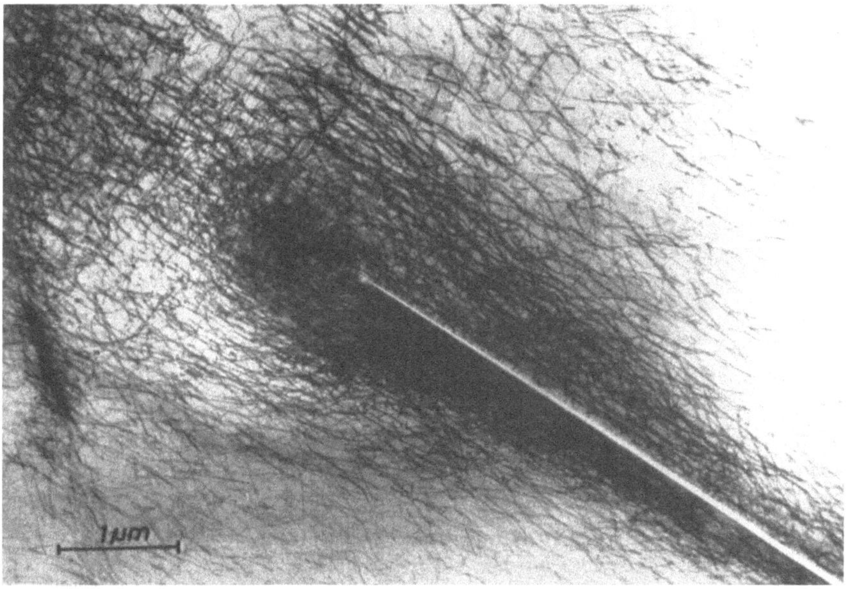

Abb. 5 Ausbildung der plastischen Zone in einem MgO-Einkristall bei in-situ-Verformung im Höchstspannungs-Elektronenmikroskop (nach [21], Aufnahme aus dem Institut für Festkörperphysik und Elektronenmikroskopie der AdW der DDR)

mit dem Faktor $S = 1/2\pi$ für den ebenen Spannungszustand und $S = 1/6\pi$ für den ebenen Verformungszustand angegeben. Die Berücksichtigung des Radius der plastischen Zone als scheinbaren Rißlängenzuwachs ermöglicht eine bessere Anpassung an das Verhalten realer Werkstoffe, so daß die statische Bruchzähigkeit K_{Ic} (bzw. K_c für den ebenen Spannungszustand) und die dynamische Bruchzähigkeit K_{Id} auch beim Vorliegen verformungsarmer Sprödbrüche, wie sie u.a. bei höherfesten Baustählen im Bereich tiefer Temperaturen oder bei Hochpolymeren unterhalb der Glastemperatur auftreten können, zur Werkstoffcharakterisierung geeignet sind. Als generelle Bedingung für die Anwendung der LEBM gilt $E/R_{p0,2} < 150$ (E-Elastizitätsmodul, $R_{p0,2}$ - Streckgrenze).

Numerische Rechnungen mit der Methode der finiten Elemente [19, 20] haben zu einer Präzisierung der ursprünglichen Annahmen geführt und u.a. gezeigt, daß die Ausbildung der plastischen Zone wesentlich vom Verfestigungsvermögen der Werkstoffe abhängt. Damit ist die Möglichkeit gegeben, über die Form und Ausdehnung der plastischen Zone die Verbindung zwischen den makroskopischen Bruchparametern und dem Verformungsverhalten herzustellen.

Wenn das Verhalten an der Rißspitze nicht primär von der plastischen Verformung, sondern von anderen energiedissipativen Prozessen bestimmt wird, ist es üblich, von einer Dissipationszone zu sprechen [22]. In amorphen oder teilkristallinen Polymerwerkstoffen treten als energiedissipative Prozesse vor allem die Craze- und Scherbandbildung in Erscheinung. Beiden ist gemeinsam, daß sie aus hochorientierten Molekülkettenbündeln bestehen, die zur Bildung und vor allem zum Wachstum einen hohen Energiebetrag benötigen. Von Bedeutung ist die Dissipationszone bei spröden Werkstoffen (Keramik, Beton) sowie bei der Gesteinszertrümmerung, wobei die Mikrorißbildung als der bestimmende energiedissipative Prozeß auftritt. In Abb. 6 ist die Spannungsverteilung in der Dissipationszone vor dem Riß schematisch dargestellt. Durch die Bildung von Mikrorissen kommt es zur Relaxation der Spannungen, so daß die maximale Spannung σ_c in einem bestimmten Abstand von der Rißspitze anliegt.

Ein derartiger Spannungsverlauf wurde auch in Stählen, deren Gefüge aus einer ferritischen Matrix mit eingelagerten Zementitteilchen bestand, unter Anwendung der röntgenographischen Spannungsmessung nachgewiesen (Abb. 7). Hierbei kann als Ursache für den starken Abfall der Lastspannungen vor der Rißspitze das Aufreißen der Zementitteilchen und die damit verbundene Spannungsumlagerung in der Matrix angenommen werden.

Der physikalische Bruchvorgang vollzieht sich in einem gegenüber der plastischen bzw. energiedissipativen Zone weitaus kleineren Gebiet in unmittelbarer Rißspitzenumgebung, der sog. Bruchprozeßzone (Abb. 8). Darauf wurde zuerst von Barenblatt [24] mit dem von ihm eingeführten Begriff des autonomen Bereichs an der Rißspitze aufmerksam gemacht; aber auch die bereits

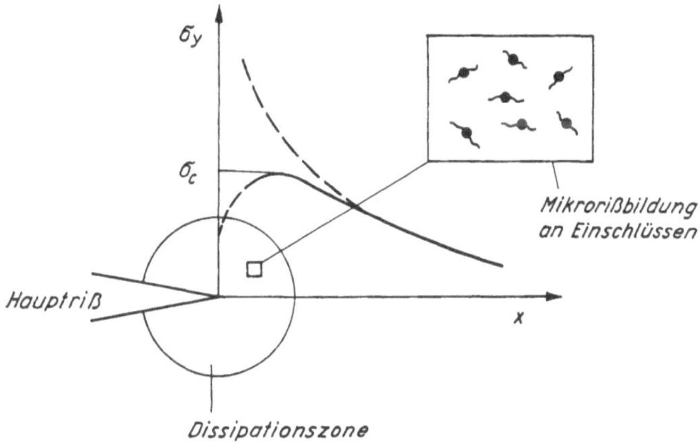

Abb. 6 Spannungsrelaxation in der Dissipationszone

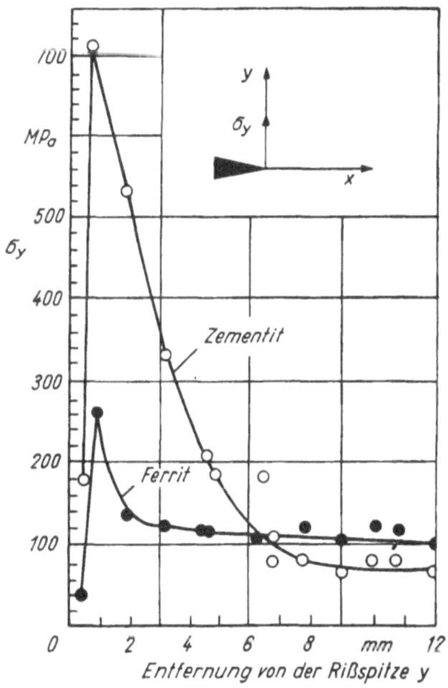

Abb. 7 Spannungsaufteilung auf die Ferrit- und Zementitphase eines Stahls mit 1% Kohlenstoff vor der Rißspitze (nach [23])

1936 von NEUBER [25] in Verbindung mit der Hypothese der Mikrostützwirkung definierte Ersatzstrukturlänge ϱ^* kann aus heutiger Sicht als ein Bruchprozeßzonen-Parameter gedeutet werden.

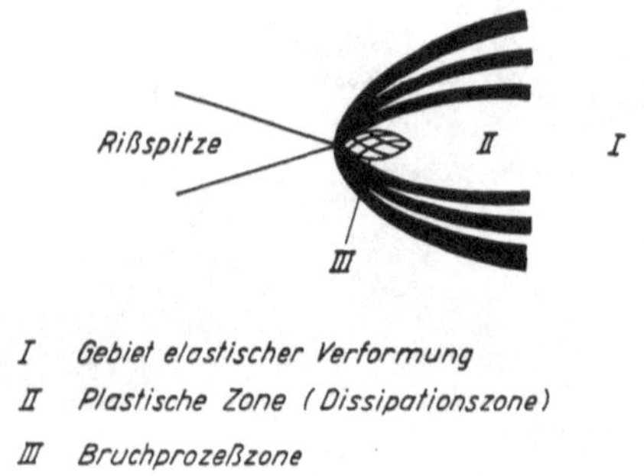

a)

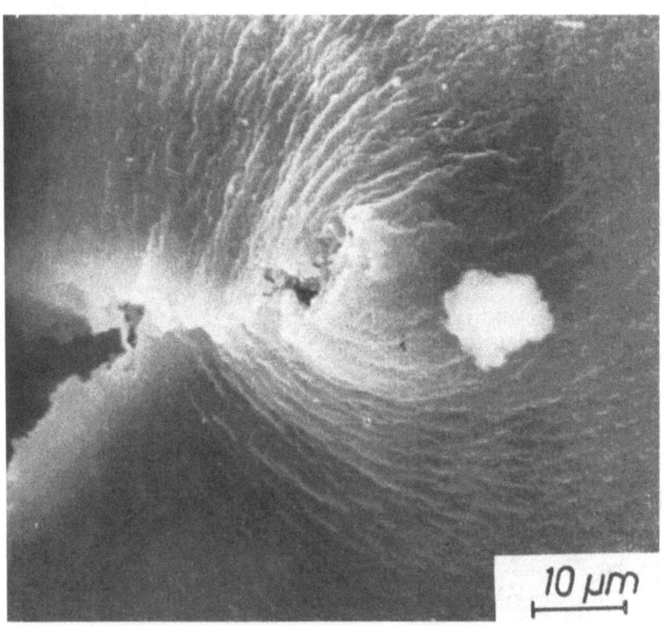

b)

Abb. 8 Charakteristische Bereiche vor der Rißspitze

a) schematisch

b) REM-Aufnahme der plastischen Zone von schlagzähem PVC (nach Bohse)

Während die plastische Zone einer kontinuumsmechanischen Betrachtung zugänglich gemacht werden kann, ist dies für die Bruchprozeßzone nicht mehr möglich. Da aber die Vorgänge in diesem Bereich eindeutig vom Spannungs-Dehnungs-Feld des umgebenden Kontinuums bestimmt werden, läßt sich der zum Beginn der Rißausbreitung führende kritische Zustand in der Bruchprozeßzone ebenfalls mit einem Parameter der Kontinuumsmechanik charakterisieren, und zwar muß entweder eine kritische Spannung oder eine kritische Dehnung erreicht werden. Nach WNUK [26] vollzieht sich die Rißaubreitung in elementaren Sprüngen von der Ausdehnung der Bruchprozeßzone, wobei der größte Teil der für den Bruchvorgang erforderlichen Energie verbraucht wird. Die grundlegenden Mechanismen sind dabei die Vereinigung von Mikrorissen zum Spaltbruch bzw. das Zusammenwachsen von Hohlräumen (Voids) zum Waben- oder Grübchenbruch.

Da diese elementaren Bruchprozesse neben den Beanspruchungs- und Umgebungsbedingungen vor allem vom Gefüge der Werkstoffe bestimmt werden, erscheint es sinnvoll, eine Verbindung zwischen der Größe der Bruchprozeßzone X_0 und den charakteristischen Gefügeparametern herzustellen.

Im Fall des Spaltbruchs kann die Grundgleichung der LEBM in der Form

$$K_{\mathrm{Icth}} = \sigma_{f_c}(\pi X_0)^{1/2} \tag{3}$$

geschrieben werden [27]. Dabei sind K_{Icth} der untere Grenzwert der Bruchzähigkeit und σ_{f_c} die mikroskopische Spaltbruchfestigkeit. Die Größe X_0 ist der Bereich vor der Rißspitze, in dem die anliegende Spannung infolge der Spannungskonzentration den Wert der mikroskopischen Spaltbruchfestigkeit überschreitet. Ihre Ableitung aus der numerisch bestimmten Spannungsverteilung am Riß führte zu unteren Grenzwerten der Bruchzähigkeit K_{Icth}, die für Stähle im Bereich von 700 bis 1000 $\mathrm{MPamm}^{1/2}$ liegen [28].

Bei polykristallinen Werkstoffen wird gewöhnlich zuerst versucht, die mechanischen Eigenschaften mit der Korngröße zu korrelieren. Von PARKS [29] wurde für ferritische Stähle die Beziehung $X_0 \approx 1 \dots 3\,D$ (D – Korndurchmesser) abgegeben, während RITCHIE, KNOTT und RICE [30] $X_0 \approx 2D$ und PISARENKO und KRASOVSKI [31] $X_0 \approx D$ annahmen. Allerdings liegt das grundsätzliche Problem einer experimentellen Überprüfung derartiger Angaben neben der schwierigen Bestimmung der Spaltbruchfestigkeit noch darin, daß es nicht möglich ist, für den gleichen Werkstoff durch Wärmebehandlung unterschiedliche Korngrößen einzustellen, ohne dabei auch andere Strukturparameter (Subkorngrenzen, Ausscheidungen), die ebenfalls von großem Einfluß auf die Bruchzähigkeit sind, in einer nur schwer kontrollierbaren Weise zu verändern. Hierauf lassen sich die unterschiedlichen Ergebnisse über die Korngrenzenabhängigkeit der Bruchzähigkeit bzw. der Spaltbruchfestigkeit zum größten Teil zurückführen.

Bei Stählen mit ferritischem bzw. ferritisch-perlitischem Gefüge wird eine Abhängigkeit der Bruchzähigkeit von der Temperatur und der Beanspruchungsgeschwindigkeit beobachtet (Abb. 9). Untersuchungen von EKELUND u.a. [32] zum Einfluß der Ferritkorngröße und des Perlitanteils auf die Bruchzähigkeit derartiger Stähle haben ergeben, daß ein deutlicher Einfluß dieser Parameter erst oberhalb des „Knies" in der K_{Ic}-T-Kurve nachweisbar ist. LÖBNER [17] hat für ferritisch-perlitischen Stahl ein Modell entwickelt, das die Berechnung der Temperatur- und Korngrößenabhängigkeit von K_{Ic} ermöglicht.

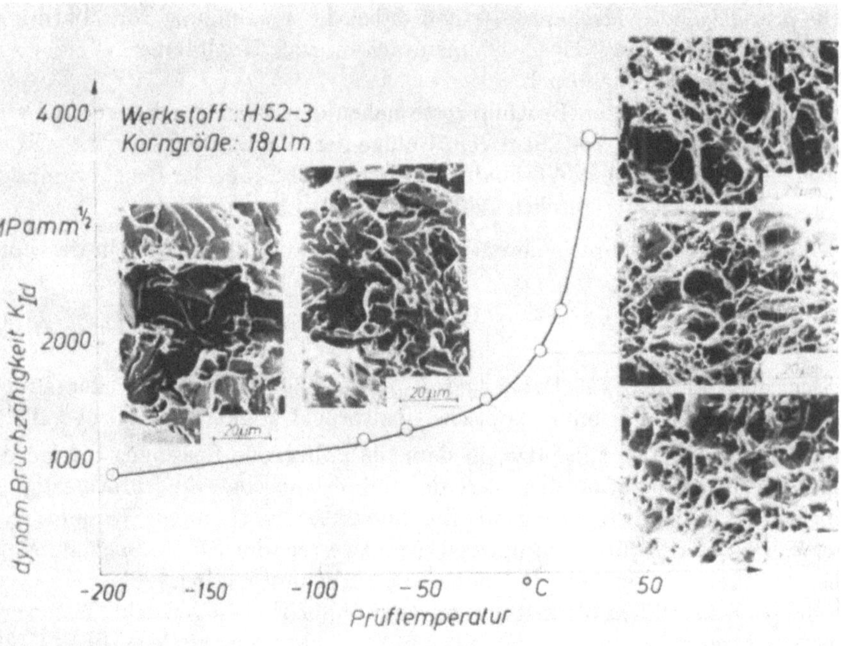

Abb. 9 Dynamische Bruchzähigkeit in Abhängigkeit von der Temperatur für einen höherfesten Baustahl

Es ergab sich ein X_0-$D^{1/2}$-Zusammenhang, wobei die X_0-Werte allerdings um etwa eine Größenordnung höher lagen als die Angaben anderer Autoren. Die dafür vom Autor gegebene Erklärung mit dem Einfluß der beim Einschwingen des Ermüdungsrisses erzeugten Eigenspannungen sollte als ein wichtiger Hinweis auf die Beachtung der Wirkung von Eigenspannungen in der Bruchprozeßzone angesehen werden. Hierbei ist zu beachten, daß der Anstieg der Bruchzähigkeit auf einen Wechsel im Bruchmechanismus vom Spalt- zum Grübchenbruch zurückzuführen ist. Damit wird aber die Rißeinleitung nicht mehr von einer kritischen Spannung, sondern zunehmend von einer kritischen Dehnung kontrolliert. Aus dem Modell der kritischen Dehnung leiteten RITCHIE, SERVER und WULLAERT [33] für den oberen Teil der Bruchzähigkeits-Temperatur-Kurve, d.h. für den duktilen Bruchmechanismus, die Beziehung

$$K_{Ic} = \text{const.}\,(\varepsilon_c X_o R_{p0,2} E)^{1/2} \tag{4}$$

ab. Dabei ist ε_c die über die Distanz X_0 wirkende kritische Bruchverformung.

Da beim duktilen Grübchenbruch die Rißspitze durch Gleitprozesse zunächst abstumpft und die weitere Rißausbreitung durch das Abscheren der Werkstoffbrücken zwischen den vorwiegend an Einschlüssen gebildeten Rissen oder Hohlräumen erfolgt, ist zu erwarten, daß der Abstand bzw. die Größe von Einschlüssen die Größe der Bruchprozeßzone bestimmen und zur Bruchzähigkeit in Beziehung zu bringen sind.

Von J. M. KRAFFT [34] wurde bereits 1964 die Beziehung

$$K_{Ic} = En(2\pi d)^{1/2} \tag{5}$$

vorgeschlagen. Hierin sind

E - Elastizitätsmodul, n - Verfestigungsexponent, d - die Ausdehnung eines gedehnten Bereichs vor der Rißspitze (Bruchprozeßzone). Dabei soll d mit dem Gefüge korreliert sein und bei Stählen dem Abstand großer Einschlüsse entsprechen. Es kommt zur Werkstoffinstabilität, wenn in der Matrix zwischen diesen Einschlüssen die logarithmische Gleichmaßdehnung $\varphi_g = \ln(1 + A_g) = n$ überschritten wird.

Inzwischen wurden eine Reihe weiterer Vorschläge über quantitative Zusammenhänge zwischen der Bruchzähigkeit und dem Einschlußgehalt unterbreitet [8]. Durch systematische Variation des Volumenanteils f der Einschlüsse konnte die Beziehung

$$K_{Ic} \sim f^{-1/6\ldots-1/5} \tag{6}$$

abgeleitet werden.

Neben dem Volumenanteil bzw. der mittleren Einschlußgröße muß auch die Größenverteilung beachtet werden, da sich gezeigt hat, daß die Voidbildung zuerst an den größten, bei weiterer Verformung aber zunehmend auch an kleineren Einschlüssen einsetzt [35]. Daraus ergibt sich z.B. eine untere Grenze der Größe von MnS-Einschlüssen in Stählen, deren Unterschreitung keinen Bruchzähigkeitsgewinn mehr bringt, da dann die Voidbildung an den Karbiden zum bestimmenden Faktor der Rißausbreitung wird.

Im Zusammenhang mit den erhöhten Anforderungen an die Bruchsicherheit vergüteter Baustähle in der Hochdruckchemie und im Kernkraftwerksanlagenbau gewinnt die Untersuchung martensitischer bzw. bainitischer Gefüge mit feinsten Karbidausscheidungen zunehmend an Bedeutung. Mit den bisher vorliegenden Untersuchungen [28] wurde zwar der Einfluß der bainitischen

Gefügeausbildung auf die Bruchzähigkeit detailliert analysiert, ein quantitativer Zusammenhang, etwa mit der Größe der Bainitplatten, konnte allerdings noch nicht angegeben werden. Wahrscheinlich tritt in diesen Stählen auch die ursprüngliche Austenitkorngröße als bruchkontrollierender Gefügeparameter in Erscheinung.

Da der Werkstoffkennwert K_{Ic} nur in sehr aufwendigen Versuchen bestimmt werden kann, wurde wiederholt versucht, aus der Kenntnis des Zusammenhangs zwischen Mikrostruktur und Werkstoffverhalten den K_{Ic}-Wert abzuleiten bzw. eine Abschätzung dieses Werts auf der Basis einfacher Prüfverfahren vorzunehmen [36], [37]. Hahn und Rosenfield [38] leiteten aus Untersuchungen der Größe der plastischen Zone vor der Rißspitze die Beziehung

$$K_{Ic} = 0{,}13(E R_{p0,2} n^2 \varphi_B)^{1/2} \tag{7}$$

ab. Es sind $R_{p0,2}$ die Streckgrenze und ψ_B die logarithmische Bruchdehnung im einachsigen Zugversuch.

Von Czoboly und Radon [39] wurde die Beziehung

$$K_{Ic} = \frac{(L_0 W_c E)^{1/2}}{1 - \nu^2} \tag{8}$$

vorgeschlagen. Dabei sind W_c die spezifische Brucharbeit, ermittelt an einer ungekerbten Zugprobe und L_0 ein charakteristischer Parameter, der ebenfalls mit dem Gefüge korreliert werden kann.

Im Ergebnis einer Gemeinschaftsuntersuchung [40] wurde festgestellt, daß die Anwendung derartiger Beziehungen eine in der Größenordnung richtige Abschätzung der Bruchzähigkeit K_{Ic} im Fall des mikroskopisch duktilen Bruchs ermöglicht, wobei die exakte Definition und Bestimmung der Strukturparameter jedoch noch erhebliche Schwierigkeiten bereiten. Es muß auch gesagt werden, daß sowohl die hier genannten als auch die auf empirischer Basis gefundenen Zusammenhänge zwischen der Bruchzähigkeit und anderen Werkstoffkennwerten nur für eng begrenzte Werkstoffgruppen gelten und nicht verallgemeinert werden dürfen.

2.2. Bruchmechanische Kenngrößen für die Werkstoffermüdung

Die meisten Konstruktionswerkstoffe sind schwingenden bzw. wechselnden Beanspruchungen ausgesetzt. Es ist deshalb von besonderer Bedeutung, auch für den Fall der Werkstoffermüdung bruchmechanische Bewertungskriterien anwenden zu können. Die Werkstoffermüdung ist durch die aufeinanderfolgenden Phasen der Rißbildung und des allmählichen Rißwachstums bedingt. Bei den konventionellen Methoden zur Charakterisierung des Ermüdungsverhaltens werden entweder beide Phasen zusammen (Wöhlerkurve, Dauerfestigkeit) oder nur die Phase bis zum Anriß (Schadenslinie) betrachtet. In der

Praxis ist jedoch häufig davon auszugehen, daß bereits ein Riß vorliegt, der sich bei weiterer Wechselbeanspruchung allmählich ausbreitet, bis er die für den Gewaltbruch kritische Größe erreicht. Von diesem subkritischen Rißwachstum wird in vielen Fällen, vor allem bei Schweißverbindungen, die Lebensdauer eines Bauteils bestimmt.

Das subkritische Rißwachstum wird infolge der im allgemeinen kleinen plastischen Zone ebenfalls wieder von der Spannungsintensität an der Rißspitze kontrolliert und kann somit durch Kennwerte der LEBM beschrieben werden. Dazu ist es üblich, die Rißwachstumsgeschwindigkeit als Rißfortschritt je Lastwechsel da/dN in Abhängigkeit von der zyklischen Spannungsintensität ΔK aufzutragen (Abb. 10). Im mittleren Teil gilt die PARIS-Gleichung

$$\frac{da}{dN} = C \Delta K^m, \tag{9}$$

wobei C und m werkstoffabhängige Konstanten sind (C hängt außerdem noch vom Spannungsverhältnis Ober- zu Unterspannung ab). Bei Stählen mit hoher Bruchzähigkeit liegt der Exponent m zwischen 2 und 4, während er bei spröden Werkstoffen ($K_{Ic} < 1200$ MPamm$^{1/2}$) auf Werte zwischen 6 und 8 ansteigt. Der untere Grenzwert von ΔK, bei dem kein Rißwachstum mehr zu beob-

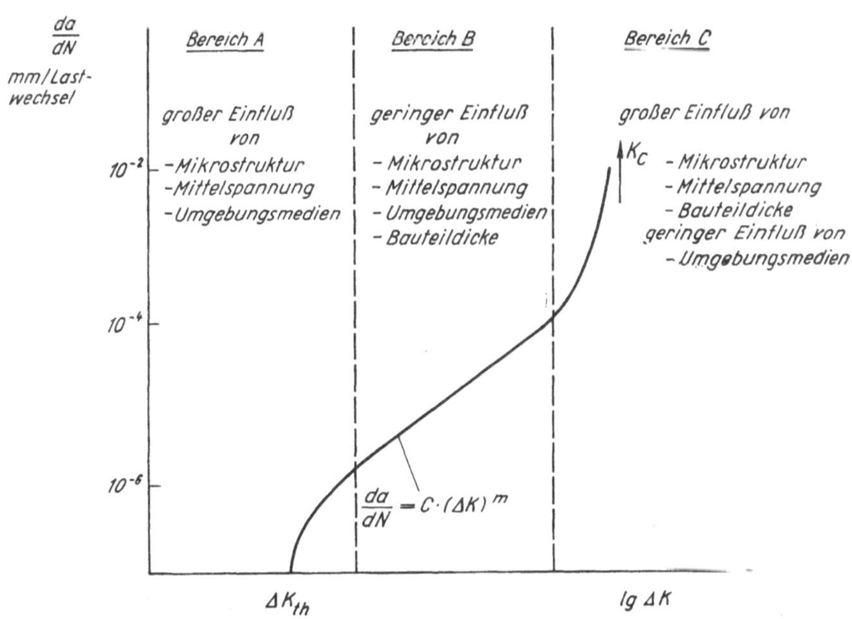

Abb. 10 Rißwachstumskurve für schwingende Beanspruchung

achten ist, hat die Bedeutung einer bruchmechanischen Dauerfestigkeit ΔK_{th}. Die dem Schwellenwert zuzuordnende kritische Rißlänge liegt für allgemeine und höherfeste Baustähle im Größenbereich von nichtmetallischen Einschlüssen.

Die bisher vorliegenden umfangreichen Ergebnisse über das Rißausbreitungsverhalten bei Ermüdung gestatten noch keine allgemeingültige Aussage über den Einfluß der Mikrostruktur [41]. Betrachtet man jedoch die unterschiedlichsten Werkstoffe, so kann festgestellt werden, daß vor allem der Schwellenwert von der Mikrostruktur beeinflußt wird, während für den weiteren Verlauf der Rißausbreitung und damit die Rißwachstumsgeschwindigkeit da/dN der Elastizitätsmodul ein wichtiger ordnender Faktor ist. Verschiedentlich wird sogar angenommen, daß die Rißausbreitungsgeschwindigkeit im Vakuum von der Mikrostruktur unabhängig und nur vom Elastizitätsmodul abhängig ist. Nach [42] gilt für den mittleren Bereich der da/dN-Kurve im Vakuum

$$\frac{da}{dN} = 1{,}7 \cdot 10^6 \left(\frac{\Delta K}{E}\right)^{3,5}. \tag{10}$$

Bei Luftumgebung ist noch mit dem Faktor 3 zu multiplizieren. Im Schwellenbereich ist unter der Annahme, daß die Fließgrenze bei Wechselbeanspruchung mit $\approx E/50$ den höchstmöglichen Wert erreicht,

$$\frac{da}{dN} = 6 \left(\frac{\Delta K}{E}\right)^{2}. \tag{11}$$

Geht man davon aus, daß die geringste Rißwachstumsgeschwindigkeit durch das Fortschreiten des Risses um einen Burgersvektor je Lastspiel bestimmt wird, ergibt sich aus Gl. (11) für $b \approx 2{,}5 \cdot 10^{-10}$ m ein „wahrer“ Schwellenwert $\Delta K_{th} \approx 6 \cdot 10^{-6}\, E$. Die experimentellen Ergebnisse liegen zwar über diesen theoretischen Grenzwerten, stimmen aber in der Größenordnung mit ihnen überein. Eine Bestimmung des ΔK_{th}-Werts ist vor allem auch deshalb schwierig, weil nahe des Schwellenwerts anstelle des kontinuierlichen Rißwachstums ein diskontinuierlicher Rißfortschritt auftritt, der sehr empfindlich auf kleinste Änderungen der Spannungsintensität ΔK reagiert.

Gegenüber dem bisher betrachteten Rißwachstum bei einstufiger Schwingbeanspruchung führten Untersuchungen mit mehrstufigen bzw. stochastischen Beanspruchungen zu unerwartet großen Unterschieden, die eine eingehende, Untersuchung zum Einfluß des Gefüges auf das Rißwachstum in Betriebsfestigkeitsversuchen zur Folge hatten. Eine besondere Rolle spielt dabei der sog. Überlasteffekt, d.h. die nach einem Wechsel von hoher zu niedriger Schwingamplitude auftretende überproportionale Verringerung der Rißwachstumsgeschwindigkeit. Dieser Effekt wird vor allem mit dem zuerst von Elber [43] vorgeschlagenen Rißschließeffekt (Abb. 11) erklärt. Danach bewirken die sich infolge der plastifizierenden Wirkung der hohen Schwingamplitude ausbildenden Druckeigenspannungen eine zusätzliche Barriere für die Rißausbreitung in der nachfolgenden Lastfolge. Als weitere Faktoren werden auch die Rißspitzenabstumpfung bzw. die Kaltverfestigung des Werkstoffs vor der Rißspitze diskutiert.

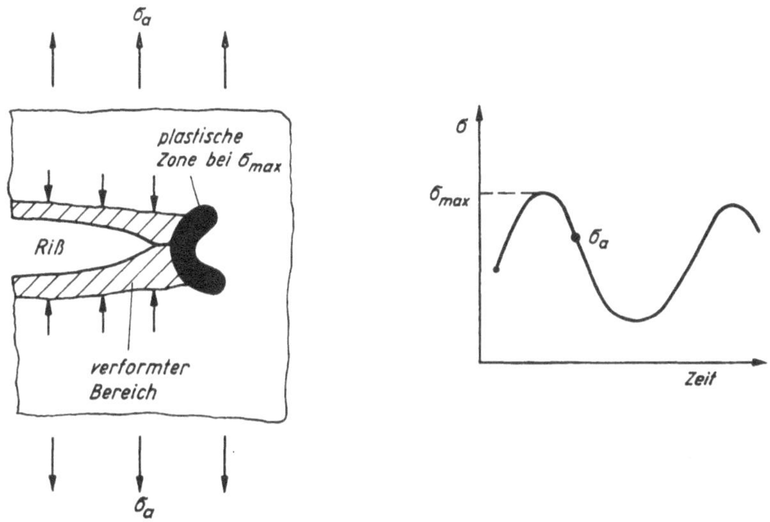

Abb. 11 Rißschließeffekt bei schwingender Beanspruchung

Eine Möglichkeit der experimentellen Überprüfung des Rißschließkonzepts bietet die röntgenographische Bestimmung der Eigenspannungen entlang des sich ausbreitenden Ermüdungsrisses [44] - [46]. Auf der Grundlage des Rißschließkonzepts wurde von SEEGER und FÜHRING [47] eine Methode zur bruchmechanischen Lebensdauervorhersage bei mehrstufiger Beanspruchung unter Beachtung des Überlasteffekts entwickelt.

2.3. Kritische Rißöffnung

Bei elastisch-plastischer Verformung in größeren Bereichen vor der Rißspitze (Großbereichsfließen) verliert die LEBM ihre Gültigkeit, so daß die Konzepte der Fließbruchmechanik zur Anwendung kommen müssen. Als erster hat 1961 WELLS - ausgehend vom DUGDALE-Rißmodell - die sog. Rißöffnungsverschiebung (COD = crack opening displacement) als Kriterium der Fließbruchmechanik eingeführt.

Als Bruchkenngröße wurde zunächst analog zur LEBM ein kritischer Wert $(COD)_c$ bzw. δ_c für das Einsetzen der instabilen Rißausbreitung angenommen.

Für kleine plastische Zonen, d.h. im Gültigkeitsbereich der LEBM, besteht zwischen beiden Bruchkenngrößen der Zusammenhang

$$\delta_c = \alpha \frac{K_{Ic}^2}{E R_{p0,2}}, \tag{12}$$

wobei α ein vom Verfestigungsverhalten abhängiger Faktor der Größenordnung 1 ist.

Später hat sich dann gezeigt, daß es vor der instabilen Rißausbreitung bereits zu einem stabilen Rißfortschritt (Abb. 12) kommt, wenn ein für die Rißeinleitung kritischer δ_i-Wert (initiation) erreicht wird. Dieser vorkritische stabile Rißfortschritt ist - ähnlich dem Verfestigungsvermögen - als zusätzliche Bruchreserve des Werkstoffs zu betrachten, da jetzt die Materialinstabilität nicht mehr unmittelbar zur Proben- bzw. Bauteilinstabilität führt. Werkstoffseitige Ursachen vorkritischer Rißausbreitung sind Spannungs- und Dehnungsumverteilungen in der plastischen Zone, die mit einer zunehmenden Abschirmung des Energieflusses zur Bruchprozeßzone verbunden sind [48].

Den Einfluß der Temperatur auf den Verlauf der kritischen Rißöffnungsverschiebung bei Baustählen zeigt Abb. 13. Bei ausreichend tiefen Temperaturen führt der Mechanismus des Spaltbruchs zur instabilen Rißausbreitung, d.h. in diesem Fall geht die Materialinstabilität sofort in die Probenintensität über. Der obere Bereich der Kurve wird dagegen von dem Mechanismus des

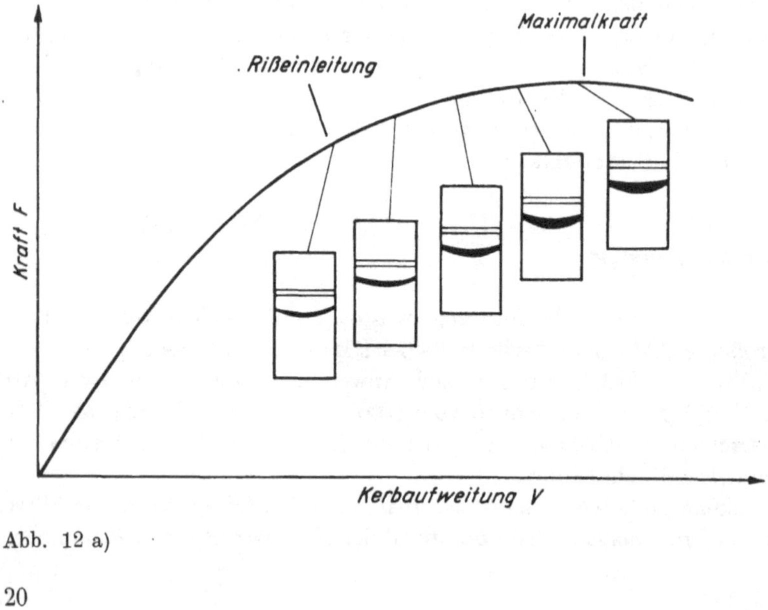

Abb. 12 a)

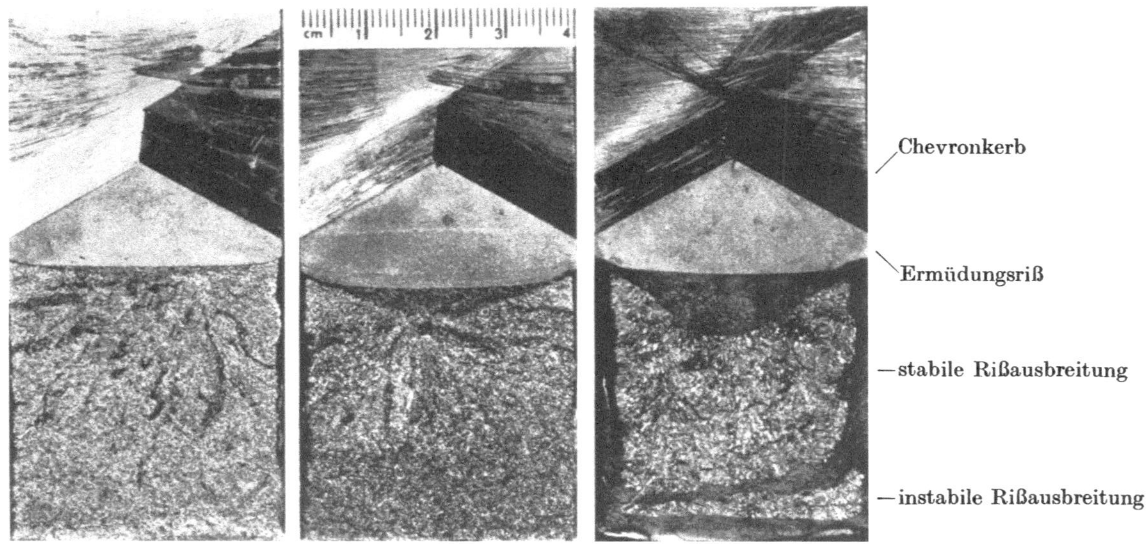

b)

Abb. 12 Kraft-Kerbaufweitungs-Kurve (a) und Bruchflächen von CT-Proben (b)

duktilen Bruchs durch Hohlraumkoaleszenz bestimmt. Ein durch das Maximum der F-v-Kurve festgelegter Kennwert δ_m ist nur als ein qualitatives Kriterium zu verwenden, da der Bruchvorgang jetzt nicht mehr von lokalen Vorgängen an der Rißspitze, sondern von der plastischen Instabilität im gesamten Probenquerschnitt beeinflußt wird.

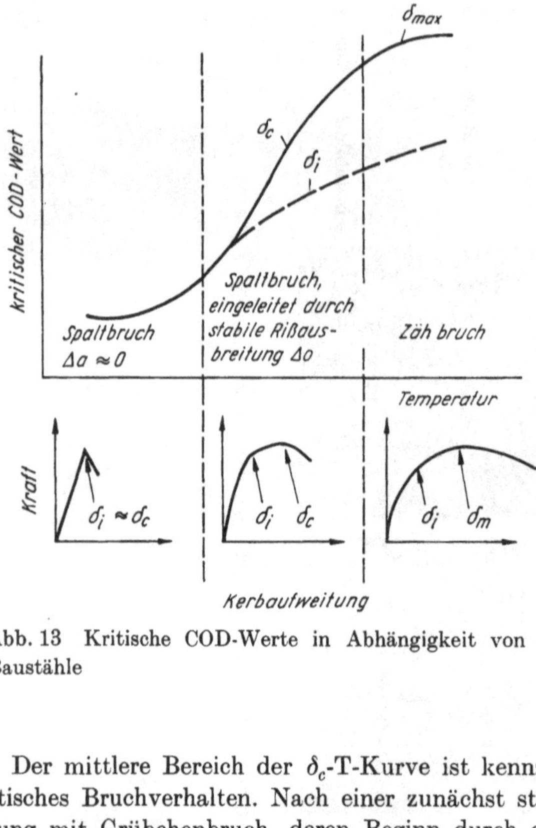

Abb. 13 Kritische COD-Werte in Abhängigkeit von der Temperatur für höherfeste Baustähle

Der mittlere Bereich der δ_c-T-Kurve ist kennzeichnend für elastisch-plastisches Bruchverhalten. Nach einer zunächst stabil verlaufenden Rißeinleitung mit Grübchenbruch, deren Beginn durch den Kennwert δ_i angezeigt wird, kommt es zum Spaltbruch und damit wieder zur instabilen Rißausbreitung. Der neueste britische Standard BS 5762:1979 [53] sieht deshalb folgende Möglichkeiten zur Bestimmung kritischer COD-Werte vor:

COD-Wert für Rißeinleitung: δ_i
COD-Wert im Maximum der F-v-Kurve: δ_m
COD-Wert für instabile Rißausbreitung ohne stabile Rißeinleitung: δ_c
COD-Wert für instabile Rißausbreitung nach vorangegangener stabiler Rißeinleitung: δ_u.

Von WNUK [54] wurde ein Modell der stabilen Rißausbreitung bei elastisch-plastischem Werkstoffverhalten entwickelt, das als Bruchkriterium das Erreichen eines kritischen Werts der plastischen Verformung (final stretch) in der Bruchprozeßzone annimmt. Die als Folge dieser plastischen Verformung auftretende Abstumpfung an der Rißspitze kann im Rasterelektronenmikroskop als abgegrenzter Bereich zwischen dem Ermüdungsriß und dem Bereich der stabilen Rißausbreitung bestimmt werden; er wird als Stretch-Zone bezeichnet [49 – 52]. Die Bestimmung der Stretch-Zone (Abb. 14) kann sowohl als Stretch-Zonen-Breite (SZB) als auch als Stretch-Zonen-Höhe (SZH) erfolgen, wobei für letztere mit der einfachen Beziehung SZH $\approx 2\delta_i$ ein Zusammenhang zur kritischen Rißöffnungsverschiebung hergestellt werden kann. Die Stretch-Zonen-Höhe in Abhängigkeit von der Temperatur ist für höherfeste Baustähle in Abb. 15 aufgetragen. Während bei tiefen Temperaturen kaum noch eine Stretch-Zone nachweisbar ist, kommt es oberhalb einer werkstoff- und korngrößenabhängigen Temperatur zu einem deutlichen Anstieg der Kurven. Unterhalb dieser Temperatur ist die Stretch-Zone nicht mehr vollständig über die Probenbreite ausgebildet, sondern durch Spaltflächen unterbrochen. Damit besteht die Möglichkeit, aus dem Verlauf der Stretch-Zonen-Höhe in Abhängigkeit von der Temperatur eine Übergangstemperatur zu definieren, die im Gegensatz zu den bisher üblichen Festlegungen einen realen physikalischen Hintergrund hat.

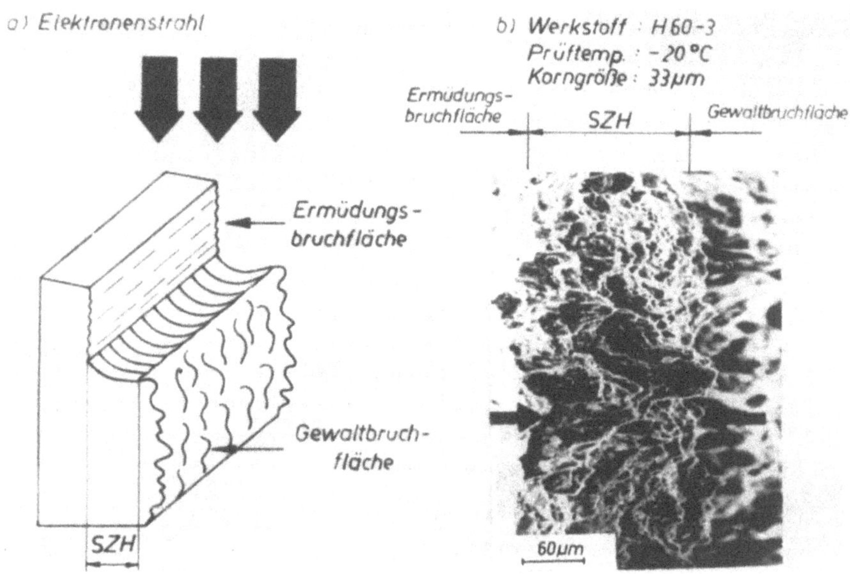

Abb. 14 Bestimmung der Stretch-Zonen-Höhe im Rasterelektronenmikroskop

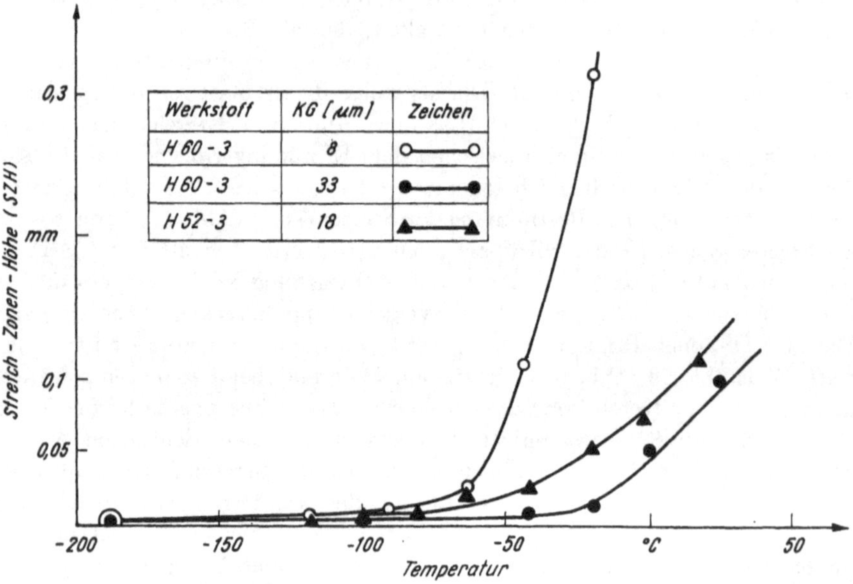

Abb. 15 Stretch-Zonen-Höhe in Abhängigkeit von der Temperatur für höherfeste Baustähle (nach [52])

Bei Untersuchungen an Proben mit kurzen Rissen (a/W-Verhältnis $< 0{,}1$) wurde eine wesentliche Verbreiterung der Stretch-Zone festgestellt [55]. Dies läßt sich darauf zurückführen, daß sich durch ein erleichtertes Fließen im Oberflächenbereich der Probe die Verformungsbehinderung vor der Rißspitze nicht so stark auswirken kann.

Die Stretch-Zone kann als ein wichtiges Bindeglied zwischen dem makroskopischen Bruchkennwert und der Mikrostruktur angesehen werden. Beispielsweise zeigt sich bei höherfesten schweißbaren Baustählen ein deutlicher Einfluß von MnS-Einschlüssen auf die Ausbildung der Stretch-Zone. Während an großflächig ausgewalzten Einschlüssen der Rißfortschritt schon bei einer relativ kleinen SZH unter Ausbildung einzelner Spitzen beginnt, kommt es bei kleinen und globularen Einschlüssen erst nach Erreichen einer großen SZH unter Ausbildung einer geschlossenen Rißfront zum stabilen Weiterwachsen des Risses. Für das Auffinden von quantitativen Zusammenhängen zwischen dem δ_i-Wert und den Parametern der Einschlußverteilung sind nach [56] folgende Einflußfaktoren zu beachten:

1. Abstand X_0 zwischen Rißspitze und Einschluß
2. Radius ϱ des elliptisch geformten Einschlusses
3. Länge h des Einschlusses in Rißausbreitungsrichtung
4. Winkel θ zwischen Rißligament und Einschluß

Die mittlere wahre Dehnung ε' in der Bruchprozeßzone X_0 zwischen Riß und Einschluß ist gegeben durch

$$\varepsilon' = \varepsilon\,(1 + F), \tag{13}$$

wobei F als ein von den Faktoren 1 bis 4 bestimmter „Verformungsintensitätsfaktor" und ε die wahre Zugdehnung des Werkstoffs ohne Einschluß sind. Mit einigen Plausibilitätsannahmen erhält man

$$\varepsilon' = \varepsilon\,(1 + C \cdot \cos\theta \cdot h^{1/2}/X_0) \tag{14}$$

C - Konstante
bzw. für $h^{1/2}/X_0 \gg 1$ ist

$$\varepsilon' = \cos\theta\, h^{1/2}/X_0 \tag{15}$$

Nimmt man an, daß die wahre Dehnung bei Abwesenheit des Hohlraums vor der Rißspitze dem COD-Wert δ entspricht; und der Rißfortschritt dann einsetzt, wenn ε' einen kritischen Wert ε_c erreicht, so läßt sich mit

$$\delta_i = \frac{\varepsilon_c X_o}{\cos\theta\, h^{1/2}} \tag{16}$$

ein von Gefügeparametern bestimmtes Rißeinleitungskriterium definieren. Damit ist δ_i als die wichtigste bruchmechanische Kenngröße zur Charakterisierung des Einflusses der Mikrostruktur auf das Bruchverhalten bei elastisch-plastischer Verformung anzusehen. Anwendung hat sie bisher u.a. zur Darstellung der Unterschiede zwischen verschiedenen Erschmelzungsarten von Stahl [57], des Einflusses der Graphitverteilung und von Glühbehandlungen bei GGG [58] oder des Sauerstoffgehalts in pulvergeschmiedeten Stählen [59] gefunden.

2.4. Kritischer Wert des J-Integrals und J-R-Kurve

Außerhalb des Gültigkeitsbereichs der LEBM, d.h. bei nichtlinearem Verformungsverhalten, kann die Singularität an der Rißspitze mit Hilfe des J-Integrals charakterisiert werden. Nach dem DBCS-Modell (Dugdale, Bilby, Cottrell, Swinden), das die plastische Verformung an der Rißspitze durch eine Anordnung von Versetzungen beschreibt, kann die physikalische Natur des J-Integrals als eine auf diese Versetzungen einwirkende Kraft gedeutet werden [60]. Der Zusammenhang vom COD-Konzept ist durch die Beziehung

$$J = m\, R_{p0,2}\, \delta \tag{17}$$

gegeben, wobei m ein zwischen 1 und 2 liegender geometrie- und belastungsabhängiger „constraint"-Faktor ist. Durch geeignete Wahl des Integrationswegs bei der numerischen Berechnung des J-Integrals gelingt es, die Größe der Bruchprozeßzone zu bestimmen. Auch mit dem J-Integral-Konzept ist es möglich, Kennwerte für den kritischen Zustand in der Bruchprozeßzone experimentell zu ermitteln, wobei wieder zwischen dem J_i-Wert für die stabile Rißeinleitung und dem J_{Ic}-Wert für die instabile Rißausbreitung zu unterscheiden ist. Der Faktor m in Gl. (17) berechtigt zu der Frage, ob die kritischen Werte der Rißöffnung oder der J-Integrals als die „wahren" Werkstoffkennwerte für elastisch-plastisches Bruchverhalten anzusehen sind. Eine Entscheidung darüber ist zum gegenwärtigen Zeitpunkt noch nicht möglich, obgleich man mehr und mehr dazu neigt, das J-Integral-Konzept als das General-Konzept der Bruchmechanik zu betrachten [61]. Der bei duktilen Werkstoffen nach dem stabilen Einreißen noch zunehmende Widerstand gegen weitere Rißausbreitung wird durch die sog. J-Widerstands-(J-R-)Kurve beschrieben. In Abb. 16 ist diese Kurve, bei der das von der Belastung und Rißgröße abhängige J-Integral in Abhängigkeit vom Rißfortschritt Δa aufgetragen ist, dargestellt. Man kann in dieser Kurve zwei Bereiche des Werkstoffverhaltens vor der Rißspitze unterscheiden, nämlich

a) Abstumpfung der Rißspitze (Bildung der Stretch-Zone) und
b) die stabile Rißausbreitung nach Überschreiten von J_i.

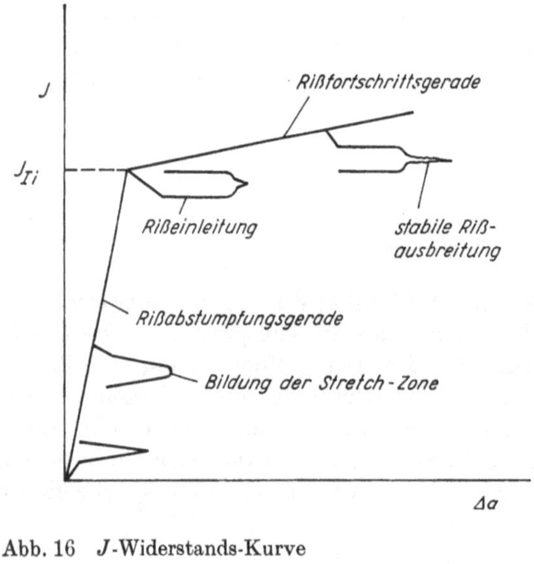

Abb. 16 J-Widerstands-Kurve

Der J_i-Wert steht ebenfalls wieder in enger Verbindung zur Stretch-Zone, denn aus Gl. (17) ergibt sich für $m = 2$ und $2\,\mathrm{SZH} \approx \delta_i$

$$J_i = 4\, R_{p0,2}\, \mathrm{SZH} \tag{18}$$

Unter der Annahme, daß J_i vom linear-elastischen bis zum vollplastischen Bereich den gleichen Wert hat, läßt sich der J_i-Wert in einen Bruchzähigkeitswert

$$K_{Ii}^J \approx K_{Ic}^J = \left(\frac{J_i\, E}{1 - \nu^2}\right)^{1/2} \tag{19}$$

überführen, was vor allem für die experimentelle Ermittlung der Bruchzähigkeit von Wichtigkeit ist.

Als Kenngröße für die stabile Rißausbreitung haben Paris und Mitarbeiter [62] aus dem Anstieg der J-R-Kurve nach Überschreiten von J_i den sog. Reißmodul T (tearing modulus) abgeleitet. Dieser Reißmodul

$$T_J = \frac{dJ}{da}\,\frac{E}{R_{p0,2}^2}, \tag{20}$$

der sich analog auch als T_δ aus dem COD-Konzept ergibt, stellt für einen bestimmten Spannungszustand einen Werkstoffkennwert dar. Damit ist eine eindeutige Charakterisierung des Rißwiderstands duktiler Werkstoffe durch die beiden Kenngrößen J_i und T möglich, wobei J_i (analog dazu δ_i) den Beginn der Ausbreitung eines vorhandenen Anrisses und T den weiteren Verlauf der Rißausbildung kontrollieren. Dies entspricht übrigens völlig der Charakterisierung des Verformungsverhaltens eines rißfreien Werkstoffs mit den beiden Kenngrößen Streckgrenze $R_{p0,2}$ und Verfestigungsexponent n (Abb. 17).

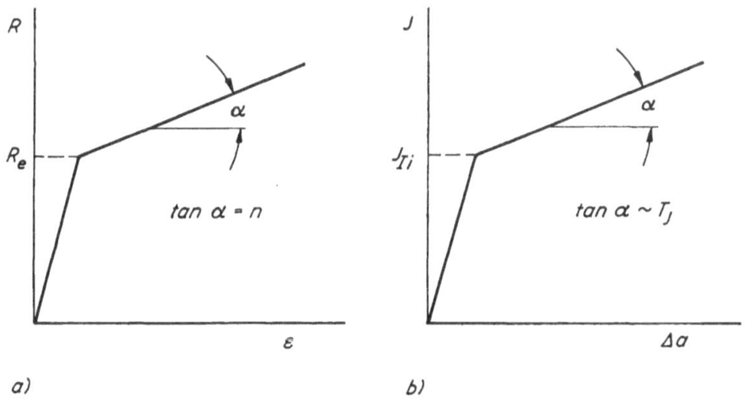

Abb. 17 Vergleich von Spannungs-Dehnungs-(a) und J-Widerstands-Kurve (b)

Nach SMITH [63] kann der in der Bruchprozeßzone ablaufende Materialzerstörungsprozeß durch den Zusammenhang

$$T \sim \frac{dJ}{da} \frac{R_{p0,2}\delta_i}{\Delta} \tag{21}$$

beschrieben werden, wobei Δ ein gefügekontrollierter Parameter ist. Eine Erniedrigung des Verhältnisses δ_i/Δ (auch als CTOA = Rißspitzenöffnungswinkel bezeichnet), begünstigt die Rißausbreitung. Dies ist z.B. der Fall, wenn es durch Ausscheidungen oder Neutronenbestrahlung an der Rißspitze zu einer Verformungslokalisierung kommt, die die Voidbildung an Einschlüssen erleichtert. Eine Unterdrückung der Voidbildung führt dagegen zu einer Rißausbreitung durch allmähliches Vorwölben der Rißfront (Bewegung der Stretch- Zone) und damit zu einem höheren Rißausbreitungswiderstand. An höherfesten Baustählen, bei denen die Voidbildung an MnS-Einschlüssen einsetzt, wurde von DRUCE [64] ein Verhältnis $\delta_i/\Delta \approx 0{,}1 \ldots 0{,}4$ bestimmt. Von Interesse dürfte auch die Untersuchung des Einflusses umgebender Medien auf den CTOA-Wert sein. Für die Werkstoffentwicklung ergibt sich hieraus die Möglichkeit, den Widerstand gegenüber stabiler Rißausbreitung gezielt zu beeinflussen.

Schließlich soll noch darauf verwiesen werden, daß die bei nichtlinear-viskoser Verformung auftretenden Kriechvorgänge an der Rißspitze zur Ausbildung einer Kriechprozeßzone führen, die durch ein modifiziertes J-Integral $\dot{J}$ beschrieben werden kann. Bei gleichem $\dot{J}$-Integral äußert sich der Gefügeeinfluß in einer deutlichen Änderung der Rißwachstumsgeschwindigkeit da/dt, so daß eine quantitative Bewertung der Werkstoffschädigung durch irreversible Gefügeänderungen infolge Zeitstandbeanspruchung möglich wird [65].

3. Werkstoffoptimierung auf der Grundlage bruchmechanischer Kenngrößen

Neben der Anwendung zur Dimensionierung und Lebensdauerberechnung rißgefährdeter Bauteile ermöglichen die bruchmechanischen Werkstoffkenngrößen eine differenzierte Beurteilung der mechanischen Eigenschaften metallischer und nichtmetallischer Werkstoffe. Nachfolgend sollen einige Beispiele für die damit möglich gewordene wissenschaftliche Fundierung der Werkstoffentwicklung und -optimierung angeführt werden.

Bei metallischen Werkstoffen sind gezielte Verbesserungen vor allem durch Legieren, Verfahren der Sekundärmetallurgie und Wärmebehandlung (einschließlich thermomechanischer Behandlung) zu erreichen. Als Beispiel für eine Legierungsentwicklung (alloy design) zum Erzielen einer vorgegebenen Bruchzähigkeit kann die als Corona 5 bezeichnete Legierung Ti4,5Al 5Mo 1,5Cr angeführt werden. Dabei wurden im Vergleich zu der bekannten Ti6Al4V-Legierung bei gleichbleibender Zugfestigkeit $R_m = 900$ MPa folgende Verbesserungen erreicht [66]:

- Anstieg der Streckgrenze $R_{p0,2}$ von 795 auf 825 MPa
- Anstieg der Bruchzähigkeit K_{Ic} von 2800 auf 4000 MPamm$^{1/2}$
- Vergrößerung der zur instabilen Rißausbreitung führenden kritischen Rißlänge von 130 auf 260 mm.

Für Stähle, deren Eigenschaften sich durch Wärmebehandlung in weiten Grenzen ändern lassen, bilden bruchmechanische Kennwerte die Grundlage für die Optimierung der Wärmebehandlungstechnologien. In Abb. 18 ist das

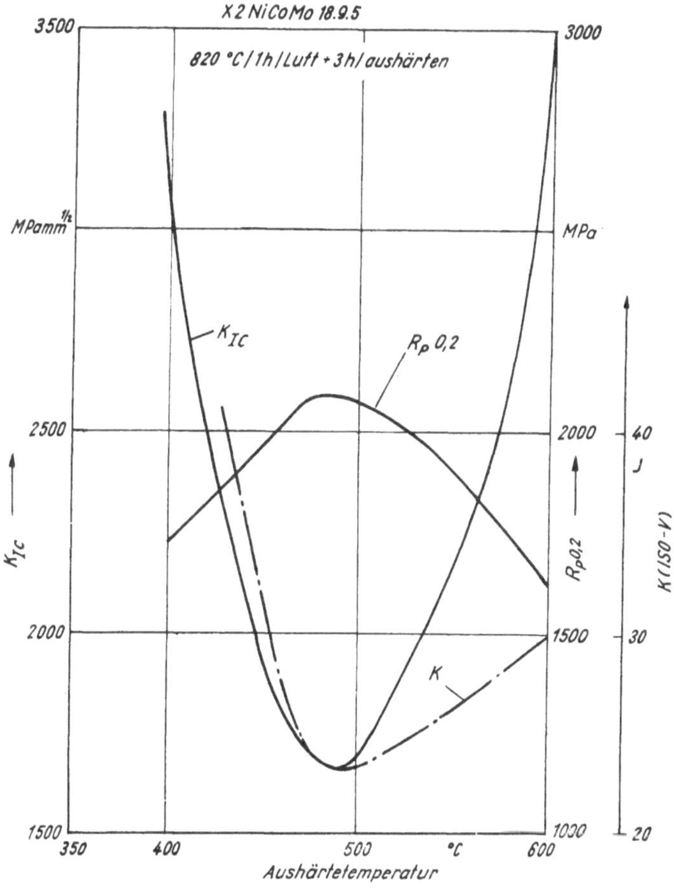

Abb. 18 Aushärtungsschaubild des Stahls X2NiCoMo18.9.5 (nach [68])

Aushärtungsschaubild für einen Maragingstahl unter Einbeziehung der Bruchzähigkeit K_{Ic} dargestellt.

Da das mechanische Verhalten hochfester Werkstoffe primär von dem Widerstand gegen plastische Verformung und instabile Rißausbreitung bestimmt wird, hat Hornbogen [67] vorgeschlagen, die Bewertung dieser Werkstoffe durch ein Diagramm, in dem das Produkt $K_{Ic} \cdot R_{p0,2}$ über der Dehngrenze $R_{p0,2}$ aufgetragen wird, vorzunehmen. In Abb. 19 ist ein derartiges Diagramm für den Maragingstahl dargestellt. Dabei entspricht die gestrichelte Grenzkurve einem optimalen Verhältnis von Festigkeit zu Rißwiderstand. Für Konstruktionswerkstoffe sind solche Gefügezustände anzustreben, die im Maximum der Kurve bzw. rechts davon liegen. Gefügezustände vor dem Maximum zeichnen sich dagegen durch eine gute Bearbeitbarkeit aus (Abb. 20).

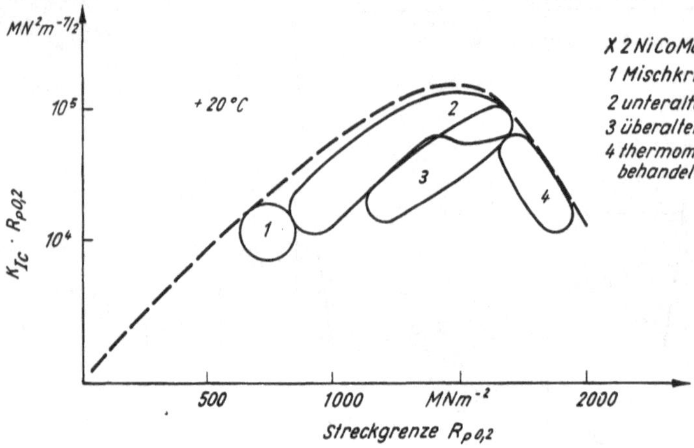

Abb. 19 Gefügeoptimierung eines Maragingstahls (nach [69])

Die Bruchzähigkeit K_{Ic} hat als Optimierungsgröße bisher vor allem bei der thermomechanischen Behandlung Eingang gefunden [70, 85]. Unter dem Aspekt des rationellen Werkstoffeinsatzes erscheint aber auch eine Ausdehnung auf die konventionellen Verfahren der Wärmebehandlung wie Vergüten oder chemisch-thermische Oberflächenbehandlung notwendig zu sein. Als Beispiele können die Erweiterung der Vergütungsschaubilder durch bruchmechanische Kennwerte oder die Optimierung von Einsatz- bzw. Nitrierschichten angeführt werden.

Für die Entwicklung und den Einsatz von Sinterlegierungen als Alternativwerkstoffe für tragende Bauteile ist ein Vergleich der mechanischen Eigenschaften mit den regulinen Werkstoffen von besonderer Bedeutung. Untersuchungen an Fe–Cu–Ni– und Fe–Cu–C–Legierungen haben ergeben, daß die

ΔK_{th}-Werte bei porösen Sinterwerkstoffen gegenüber Baustählen höher liegen, während die Rißwachstumsgeschwindigkeit da/dN bei kleiner Spannungsintensität infolge der rißausbreitungshemmenden Wirkung der Poren kleiner ist [71]. Damit ist die Anwendung der Bruchmechanik bei Sinterwerkstoffen nicht nur für die Werkstoffauswahl, sondern auch für die Optimierung von Legierungssystemen bzw. die Festlegung der Sintertechnologien von Bedeutung [72].

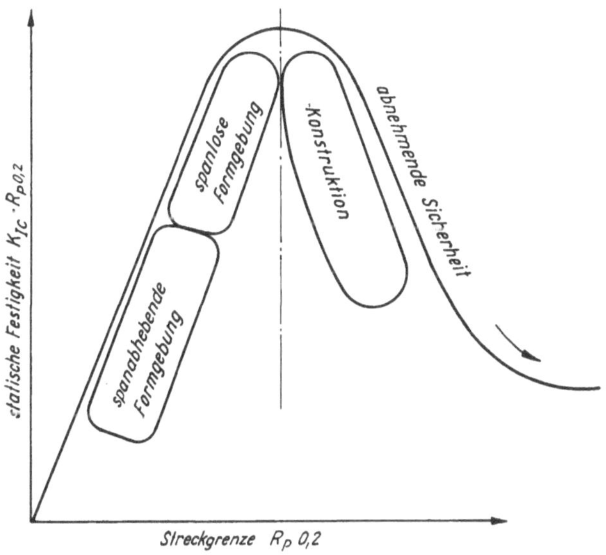

Abb. 20 Zusammenhang zwischen Werkstoffkennwerten und Werkstoffeinsatz (nach [69])

Werkstoffe für Abtrenn- und Umformwerkzeuge, das sind vor allem die Kaltarbeits- und Schnellarbeitsstähle sowie die Hartmetalle, haben bei einer hohen Gebrauchshärte eine relativ niedrige Bruchzähigkeit. Dies kann die Ursache sowohl von makroskopischen Brüchen als auch von mikroskopisch kleinen Ausbröcklungen auf der Schneidkante und damit eines schnellen Verschleißes sein. Die Gefügeoptimierung derartiger Werkstoffe hinsichtlich einer ausreichenden Bruchzähigkeit bei möglichst hoher Härte ist eine wichtige Voraussetzung, um eine Mindestlebensdauer der Werkzeuge, vor allem für den Einsatz in automatischen Werkzeugmaschinen, garantieren zu können.

Ein Beispiel für die durch unterschiedliche Wärmebehandlung zu erreichende Variation der Bruchzähigkeit zeigt Tabelle 3.

Tabelle 3 Zusammenhang zwischen Mikrostruktur und Bruchzähigkeit des Werkzeugstahls 210Cr46

Wärmebehandlungsvariante		Gefügeanteile in %			Härte	Bruchzähigkeit K_{Ic}
Austenitisierung in °C	Anlassen in °C	Martensit	Austenit	Karbide	HV 60	in MPamm$^{1/2}$
1050/Öl Tiefkühlung −70	100 1×1 h	~60	26	11	900	370
950/Öl	100 1×1 h	~60	25	12	835	530
1050/Öl	100 1×1 h	~30	60	11	440	860
1150/Öl	100 1×1 h	–	90	9	350	1050
1150/Öl Tiefkühlung −196	300 1×1 h	–	90	9	580	1280

Auf der Grundlage dieser bruchmechanischen Ergebnisse konnten folgende Empfehlungen für den Einsatz des Stahls 210Cr46 formuliert werden [74]:

a) Für verschleiß- und maßbeständige Werkzeuge mit geringen Anforderungen an die Bruchzähigkeit Austenitisieren bei 950 °C und Anlassen auf 100 bis 150 °C.

b) Für höhere Zähigkeitsansprüche, z. B. schlagartig beanspruchte Werkzeuge, Austenitisieren bei 950 °C und Anlassen auf 400 °C. Als weitere Möglichkeit kommt ein Austenitisieren bei 1050 °C, Tiefkühlen bei −70 °C und Anlassen auf 400 °C infrage.

c) Für Hochleistungswerkzeuge, die eine hohe Einbauhärte bei ausreichender Zähigkeit auch noch bei erhöhten Temperaturen aufweisen sollen, läßt sich durch Austenitisieren bei 1150 °C und Anlassen auf 560 °C ein Sekundärhärteeffekt erzielen. Ein Einsatz ist dann bis etwa 500 °C möglich.

Eine wichtige Rolle spielt der Restaustenitgehalt in Werkzeugstählen. In Abb. 21 ist der Einfluß der Anlaßtemperatur auf die Härte und Bruchzähigkeit des von 1150 °C abgeschreckten Stahls 210Cr46 dargestellt. Nach dem Ölabschrecken besteht das Gefüge aus etwa 90% Restaustenit und 10% Kar-

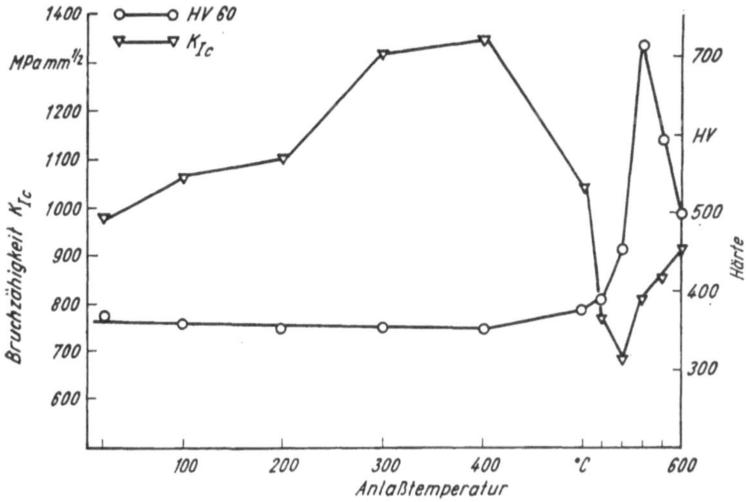

Abb. 21 Einfluß des Anlassens auf die Härte und Bruchzähigkeit des Kaltarbeitsstahls 210Cr46 (nach [73])

biden. Die erst oberhalb von 500 °C einsetzende Restaustenitumwandlung führt zu einem starken Abfall der Bruchzähigkeit bei ansteigender Härte, während sich oberhalb 560 °C mit der Ausbildung eines Troostit-Gefüges diese Tendenz umkehrt. Wie die bei gleichbleibender Härte auftretenden Bruchzähigkeitsänderungen im Anlaßbereich von 200 bis 400 °C zeigen, wirken sich auch submikroskopische Strukturänderungen innerhalb des Restaustenits auf den Rißausbreitungswiderstand aus. Als Ursache dafür konnte Tolev [73] das Auftreten von feinen, mit der austenitischen Matrix kohärent verbundenen Clustern von C- oder Cr-Atomen ermitteln. Diese Ergebnisse sind gleichzeitig ein Beweis dafür, daß bruchmechanische Kennwerte sehr empfindlich auf Struktur- bzw. Gefügeänderungen reagieren und somit eine bessere Differenzierung als die konventionellen Kennwerte ermöglichen.

Bei Untersuchungen zum Einfluß des Nitrierens auf die Bruchzähigkeit von Schnellarbeitsstählen konnte mit Hilfe der Schallemissionsanalyse nachgewiesen werden, daß der stärkere Abfall der Bruchzähigkeit nach Badnitrieren im Vergleich zu Gasnitrieren auf den Einfluß von Nitridausscheidungen zurückzuführen ist [75].

Bei dispersionsverfestigten Werkstoffen nimmt die Bruchzähigkeit mit abnehmender Teilchengröße und zunehmendem Teilchenabstand zu, wobei die Verringerung der Teilchengröße wirkungsvoller ist als zunehmender Teilchenabstand.

Harte Teilchen bzw. Einschlüsse sollten möglichst gleichmäßig verteilt sein. Flächenhafte Ausscheidungen, z. B. an Korn- oder Phasengrenzen, können schon bei geringen Volumenanteilen die Bruchzähigkeit stark herabsetzen [76].

Das Prinzip der gezielten Heterogenisierung hat sich als besonders günstig bei Werkstoffen erwiesen, die auf Grund ihrer physikalischen Grundstruktur nur einen verhältnismäßig geringen Energieverbrauch bei der Ausbreitung eines Risses aufweisen (Gläser, Keramiken, hochfeste Metalle). Eine Erhöhung des Widerstands gegen Rißausbreitung gelingt dadurch, daß die Energiekonzentration an der Rißspitze auf einen größeren Bereich, nämlich die bereits erwähnte energiedissipative Zone, umverteilt wird [77].

Praktische Anwendung hat dieses Prinzip bei der Verbesserung des Zähigkeitsverhaltens von Oxidkeramik gefunden. Durch Zusatz von ZrO_2, das sich bei Abkühlung unter Volumenvergrößerung von der tetragonalen in die monokline Phase umwandelt, wird eine Energiedissipation durch Mikrorißbildung an den ZrO_2-Teilchen erreicht. Damit wird dem Hauptriß die zur weiteren Rißausbreitung benötigte Energie entzogen, d.h. die Bruchzähigkeit K_{Ic} erhöht sich (Abb. 22). Bei einer reinen ZrO_2-Keramik führt die spannungsinduzierte Umwandlung in der Bruchprozeßzone vor der Rißspitze zu einer veränderten Spannungsverteilung und damit ebenfalls zur Energiedissipation. In beiden Fällen bleibt die erhöhte Bruchzähigkeit bis etwa 900 °C erhalten.

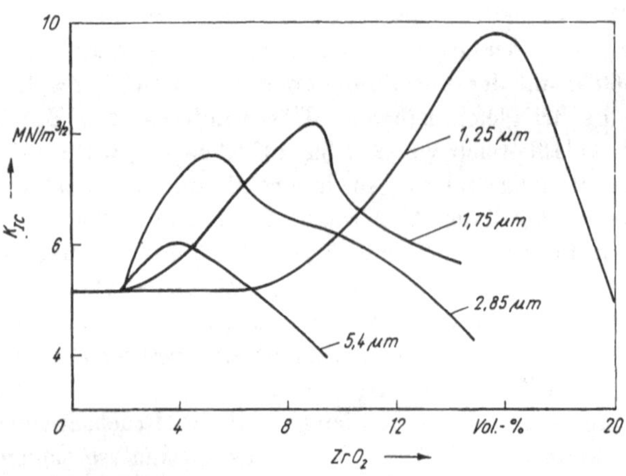

Abb. 22 Zähigkeitssteigerung bei keramischen Werkstoffen durch induzierte Mikrorißbildung (nach [78])

In amorphen Polymeren wird das Bruchverhalten vor allem von der Rißausbreitung entlang der Crazes bestimmt. Eine Erhöhung der Bruchzähigkeit kann deshalb nur über die Beeinflussung der Crazebildung erfolgen. Als eine sehr wirkungsvolle Maßnahme hat sich die dispersive Einlagerung kleiner elastischer Teilchen (z.B. Kautschuk) in die amorphe Matrix erwiesen. In diesem Fall kann sich ein Riß nicht mehr ungehindert ausbreiten, sondern er wird – sobald er auf ein solches Teilchen trifft – abgebremst oder umgelenkt. Gleichzeitig entstehen an den Teilchen neue Crazes, so daß es zu einem wesentlich größeren Energieverbrauch und damit zur Erhöhung der Bruchzähigkeit kommt [79].

Aus bruchmechanischen Untersuchungen an Polypropylenwerkstoffen, die sich hinsichtlich der relativen Molekülmasse und der Ausbildung des sphärolithischen Gefüges unterscheiden, konnten folgende Vorstellungen zur Optimierung des Festigkeits- und Bruchverhaltens abgeleitet werden [80 bis 82]:

a) Das Gefüge soll an den Sphärolithgrenzen keine erstarrungsbedingten Mikrohohlräume (Schwindungslunker, Schrumpfrisse) enthalten.
b) Zwischen den Sphärolithen ist zur Vermeidung intersphärolithischer Rißausbreitung eine starke Bindung notwendig, d.h. die Anzal der Bindemoleküle zwischen den Sphärolithen muß hoch sein.
c) Der Sphärolithdurchmesser soll klein sein. Die Sphärolithe sollen einen hohen Anteil an „cross hatched" Strukturen besitzen.
d) Im Gefüge ist ein bestimmter Anteil an hexagonalen Sphärolithen anzustreben.

Für den Fall, daß diese Forderungen erfüllt sind, kann der Einfluß der relativen Molekülmasse $\overline{M}_w$ auf die Bruchzähigkeit durch die Beziehung

$$K_c = A\overline{M}_w^{1/2} + c \qquad (22)$$

A, c Konstanten

dargestellt werden.

Die von der Werkstoffwissenschaft geforderte einheitliche Betrachtung aller Werkstoffgruppen hat mit der Anwendung der Bruchmechanik neue Impulse erhalten. Ausgehend von einer Systematisierung des Gefügeaufbaus grob-zweiphasiger Werkstoffe (Duplex- bzw. Netzgefüge in Metallen, kristalline bzw. nichtkristalline Bereiche in Polymerwerkstoffen) konnten E. Hornbogen und K. Friedrich [83] allgemeingültige Beziehungen für den Zusammenhang zwischen den partiellen Eigenschaften der Gefügeelemente und der Bruchzähigkeit sowie der Rißwachstumsgeschwindigkeit herstellen. Als Beispiel zeigt Abb. 23 die Bruchzähigkeit einer Fe-5%Ni-Legierung für Raumtemperatur und −196 °C. Durch gezielte thermomechanische Behandlung wurde in dieser Legierung ein Duplexgefüge mit zwei Phasen, und zwar einer nickelreichen martensitischen Phase (9% Ni) und einer nickelarmen ferritischen Phase (3% Ni), hergestellt. Die Bruchzähigkeit des Duplexgefüges ergibt sich in diesem Fall aus einer einfachen Mittelung der partiellen Eigenschaften der einzelnen Gefügekomponenten. Dies ist darauf zurückzuführen, daß infolge der Ausbildung einer ausreichend großen plastischen Zone sowohl die harte als auch die weiche Phase gleichmäßig in den Verformungsvorgang einbezogen werden.

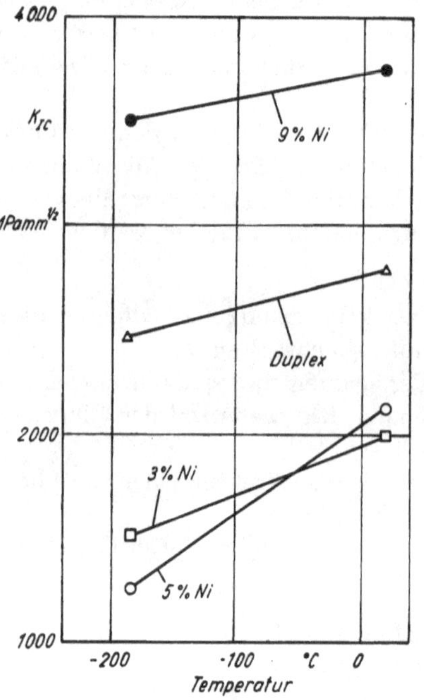

Abb. 23 Bruchzähigkeit einer Fe-5%Ni-Legierung in Abhängigkeit vom Gefüge (nach [83])

Bei der Anwendung bruchmechanischer Kennwerte zur Werkstoffoptimierung muß man von den in der Praxis auftretenden Beanspruchungen ausgehen. So ist z. B. bei höherfesten Baustählen zu beachten, daß ein Anheben der Bruchzähigkeit durch Absenken des Schwefelgehalts nicht mit einer entsprechenden Veränderung des Schwellenwerts für die Ermüdungsrißausbreitung einhergeht oder die Erhöhung der Zähigkeit durch Kornfeinen sogar zur Verringerung des Schwellenwerts führen kann [84]. Von Zouhar u.a. [70] wurde ebenfalls festgestellt, daß die Auswahl der technologischen Parameter für eine thermomechanische Behandlung nicht allein unter dem Aspekt der Kornfeinerung und Ausbildung polygonisierter Versetzungsstrukturen im Austenit erfolgen darf, da durch eine Korngrenzenschwächung infolge Segregationen und/oder Ausscheidungen eine Verbesserung der Bruchzähigkeit der Matrix wieder aufgehoben werden kann. Damit wird die Art der Beanspruchung zu einer relevanten Randbedingung für die gezielte Entwicklung komplexer Mikrostrukturen mit verbesserten Eigenschaftskombinationen.

Schließlich ist auch der Einfluß umgebender Medien zu beachten, worauf jedoch in dieser Arbeit nicht eingegangen werden soll.

4. Ausblick

Nach einer Phase sehr intensiver Weiterentwicklung der Bruchmechanik-Konzepte scheint jetzt ein vorläufiger Abschluß erreicht worden zu sein. Zumindest besteht keine zwingende Notwendigkeit zur Ableitung weiterer Konzepte bzw. bruchmechanischer Kenngrößen, da mit den derzeit zur Verfügung stehenden Methoden alle in der Praxis auftretenden Brucherscheinungen und im Prinzip auch alle infrage kommenden Werkstoffgruppen erfaßbar sind. Viele offene Fragen gibt es allerdings noch hinsichtlich einer werkstoffphysikalischen Fundierung der Bruchparameter als Voraussetzung für die gezielte Erzeugung von Gefüge- und Behandlungszuständen mit hohem Rißausbreitungswiderstand. Um eindeutige Beziehungen zwischen den Bruchkenngrößen und charakteristischen Gefügeparametern herstellen zu können, sind Modelle des Bruchvorgangs erforderlich, die das Verhalten der Elemente der Mikrostruktur im makroskopischen Spannungs- und Dehnungsfeld in der Umgebung eines Risses beschreiben. Erst dadurch wird es möglich, quantitative Zusammenhänge zwischen den gefügekontrollierten Vorgängen in der Bruchprozeßzone und den makroskopischen Kennwerten bzw. kontinuumsmechanischen Versagenskriterien herzustellen.

Wichtige Hilfsmittel dafür sind die REM- bzw. HTEM-in-situ-Untersuchungen der in der Bruchprozeßzone ablaufenden Schädigungsvorgänge, Computersimulationsrechnungen der Bruchprozesse auf atomarem Niveau unter Annahme realistischer Versetzungskonfigurationen sowie die weitere Verfeinerung der Methode der finiten Elemente im Hinblick auf die Anwendung für dreidimensionale Rißprobleme, komplizierte Rißkonfigurationen oder bewegte Risse.

Durch die Einbeziehung spezieller zerstörungsfreier Prüfverfahren wie Schallemissionsanalyse, Potentialverfahren, Ultraschallspektrometrie oder Laser-Holographie in die experimentelle Ermittlung bruchmechanischer Kennwerte können die charakteristischen Stadien der Rißeinleitung und -ausbreitung besser erfaßt und in Verbindung mit quantitativen Bruchflächenanalysen (z. B. Bestimmung der Stretch-Zone) zur experimentellen Analyse der mikrostrukturellen Schädigungsprozesse herangezogen werden. Wegen der Fluktuation der Eigenschaften im Wirkungsbereich der Gefügeelemente sind stochastische Betrachtungen erforderlich, wobei die Stochastik sowohl zur Beschreibung der Gefügeelemente als auch auf die zum Werkstoffversagen führenden Prozesse der Rißbildung und -ausbreitung angewandt werden muß. In diese Grundlagenuntersuchungen zur Entwicklung einer statistischen Bruchmechanik sind die Eigenspannungen einzubeziehen, damit neben der Erzeugung rißhemmender Gefügestrukturen auch die Möglichkeit einer Rißarretierung durch Eigenspannungsfelder (z. B. in Schweißverbindungen) genutzt werden kann.

Die werkstoffwissenschaftliche Grundlagenforschung zur Entwicklung rißzäher Gefügestrukturen baut zunehmend auf der gezielten Heterogenisierung auf (Einschlüsse im Stahl, Duplexgefüge, Beeinflussung der Gefügebereiche von Schweißnähten, teilchenmodifizierte Polymere, Keramiken mit induzierter Mikrorißbildung). Weiterhin müssen die Möglichkeiten der Rißhemmung durch Phasenumwandlungen an der Rißspitze in metastabilen Legierungen noch genauer untersucht und praktisch nutzbar gemacht werden.

Schließlich sind die bereits vorliegenden gesicherten Erkenntnisse zur Relation Mikrostruktur - makroskopische Eigenschaften auf die komplexen Schädigungsprozesse unter Betriebsbedingungen zu erweitern, wobei der Verknüpfung von Bruch-, Korrosions- und Verschleißerscheinungen auf der Basis bruchmechanischer Kenngrößen besondere Bedeutung zukommt. Damit kann die Bruchmechanik einen wichtigen Beitrag bei der Schadensaufklärung und -verhütung sowie bei der Ableitung von Restnutzungsdauerprognosen leisten.

Literatur

[1] Schatt, W.: (Hrsg.) Einführung in die Werkstoffwissenschaft. Leipzig, VEB Deutscher Verlag für Grundstoffindustrie 1981.

[2] Lehmann, G.: Tendenzen der Festkörpertheorie und ihre Bedeutung für die Werkstoffwissenschaft. Sitzungsber. der AdW der DDR 11 N 1981. Akademie-Verlag Berlin 1981.

[3] Vladimirov, V. I.: Einführung in die physikalische Theorie der Plastizität und Festigkeit. Leipzig, VEB Deutscher Verlag für Grundstoffindustrie 1976.

[4] Bernstein, M. L. u. W. A. Saimovski: Mechaniceskije svoistva metallov. Moskva: Metallurgia 1979.

[5] Blumenauer, H.: (Hrsg.) Werkstoffprüfung. Leipzig, VEB Deutscher Verlag für Grundstoffindustrie 1979.

[6] Göldner, H. u. S. Sähn: Techn. Mechanik 1 (1980) H. 1, S. 33,

[7] Blumenauer, H. u. G. Pusch: Technische Bruchmechanik. Leipzig, VEB Deutscher Verlag für Grundstoffindustrie 1982.

[8] Schwalbe, K. H.: Bruchmechanik metallischer Werkstoffe. München/Wien, Carl Hanser Verlag 1980.

[9] Chell, G. G.: Developments in fracture mechanics. Applied Science Publishers LTD London 1979.

[10] Rolfe, S. T. u. J. M. Barsom: Fracture and Fatigue Control in Structures. Prentice-Hall, Inc. Englewood Cliffs, New Jersey 1977.

[11] Perrone, N., H. Liebowitz, D. Mulville u. W. Pilkey: (Hrsg.) Fracture Mechanics (10. Symposium on Naval Structur Mechanics Washington 1978). University of Virginia 1978.

[12] 5. Internationale Konferenz über den Bruch (ICF-5) Cannes 1981.

[13] Tien, J. K. u. G. S. Ansell: (Hrsg.) Alloy and Microstructure Design. Academic Press, New York 1976.

[14] Mc Evily, A. J.: The design of alloys for fracture resistance, in: [11].

[15] Maurer, K. L. u. H. Fischmeister: (Hrsg.) Gefüge und Bruch (Tagung Leoben 1976). Gebrüder Borntraeger Berlin/Stuttgart 1977.

[16] V. Symposium Verformung und Bruch. TH Otto von Guericke Magdeburg 1979.

[17] Löbner, W.: Diss. TH Magdeburg 1981.

[18] Mc Clintock, F. A. u. G. R. Irwin: In: ASTM STP 381 (1965).
[19] Kuna, M.: Diss. A, Martin-Luther-Universität Halle 1978.
[20] Redmer, J. u. W. Dahl: In: Numerical Methods in Fracture Mechanics. Swansea 1980.
[21] Appel, F., U. Messerschmidt u. M. Kuna: phys. stat. sol.(a) **55**, 529 (1979).
[22] Pompe, W. u. W. Kreher: In: Wiss. Ber. Zentralinstitut für Festkörperphysik und Werkstofforschung Dresden, Nr. 19 (Tagungsber. Hetzdorf 1979), 134.
[23] Blumenauer, H. u. B. Suthoff: Problemi procnosti Nr. 3, 1981, 18.
[24] Barenblatt, G. I.: Prikl. Mat. i Mech. XX(1956), 4, S. 475.
[25] Neuber, H.: Konstruktion 20(1968) H. 7, S. 245.
[26] Wnuk, M. P.: In: ICM-3, Cambridge, 1979, Vol. 3, S. 549.
[27] Pisarenko, G. S. u. A. J. Krasovski: In: Proc. 1. Int. Conf. on Mechanical Behaviour of Materials. Kyoto 1971, S. 421.
[28] Kotilainen, H.: Materials and Processing Technology Publication 23, Espoo 1980.
[29] Parks, D. M.: Eng. Mat. Techn. 98(1976), 1, S. 30.
[30] Ritchie, R. O., J. F. Knott u. J. R. Rice: J. Mech. Phys. Solids 21 (1973), S. 395.
[31] Pisarenko, G. S. u. A. J. Krasovski: In: Proc. 2. Int. Conf. on Mechanical Behaviour of Materials, 1976, S. 348.
[32] Ekelund, St., u. a.: In: [15], S. 49.
[33] Ritchie, R. O., W. L. Server u. R. A. Wullaert: In: 3. Int. Conf. on Mechanical Behaviour of Materials (ICM-3), Cambridge 1979, Vol. 3, S. 489.
[34] Krafft, J. M.: Appl. Mater. Res. 3 (1964), S. 88.
[35] Hentrich, M., P. Veit u. H. Stroppe: Wiss. Z. TH Otto von Guericke 25 (1981), H. 2, S. 51.
[36] Rapid Inexpensive Tests for Determining Fracture Toughness National Academy of Science, Washington 1976.
[37] Voss, B. u. J. G. Blauel: 9. Sitzung des Arbeitskreises Bruchvorgänge, Berlin, 1977.
[38] Hahn, G. T. u. A. R. Rosenfield: In: ASTM STP 432 (1968), 5.
[39] Havas, J. u. E. Czoboly: Periodica Polytechnica Budapest, 24 (1980), Nr. 1/2, S. 19.
[40] Voss, B. u. J. G. Blauel: In: Vorträge der 12. Sitzung des AK Bruchvorgänge, Freiburg 1980.
[41] Schaper, M.: In: Problemseminar Anwendung der Bruchmechanik (Zwickau 1980) Weiterbildungszentrum Festkörpermechanik, Konstruktion und rationeller Werkstoffeinsatz der TU Dresden, H. 6/80.
[42] Speidel, M. O. u. R. B. Scarlin: In: [15].
[43] Elber, W.: In: ASTM STP 486 (1971), 230.
[44] Blumenauer, H. u. B. Suthoff: In: Wiss. Ber. Zentralinstitut für Festkörperphysik und Werkstofforschung Dresden (Tagungsber. Hetzdorf 1979) Nr. 19, S. 43.
[45] Lukás, P., M. Klesnil u. L. Kunz: In: Wiss. Ber. Zentralinstitut für Festkörperphysik und Werkstofforschung Dresden (Tagungsber. Hetzdorf 1979), Nr. 19 S. 65.
[46] Stephan, D. u. K. Richter: Crystal Research and Technology 16 (1981), 5, K57.
[47] Seeger, T. u. H. Führing: In: Freiberger Forschungshefte B 221 (1981), 141.
[48] Schaper, M.: In: Freiberger Forschungshefte B 213 (1980), 35.
[49] Broek, D.: Eng. Fract. Mech. 6 (1974), S. 173.
[50] Blauel, J. G. u. Th. Hollstein: Arch. Eisenhüttenwes. 49 (1978), 12, S. 587.
[51] Wainstock, W. A. u.a.: Problemi procnosti Nr. 11 (1978), S. 173.

[52] Blumenauer, H. u. I. Wagner: Neue Hütte 25 (1980), 4, S. 137.
[53] BS 5762: 1979 Crack opening displacement (COD) testing. British Standards Institution.
[54] Wnuk, M. P.: In: ICM-3, 1979, Vol. 3, S. 549.
[55] Wiltshire u. J. F. Knott: In: [12], Vol. 1, S. 87.
[56] Willoughby, A. A., P. L. Pratt u. T. J. Baker: In: [12], Vol. 1, S. 179.
[57] Slatcher, S. u. J. F. Knott: In: [12], Vol. 1, S. 201.
[58] Douaron, A. u.a.: In: [12], Vol. 1, S. 255.
[59] Bastian, F. L. u. J. A. Charles: In: [12], Vol. 1, S. 209.
[60] Bilby, B. A.: In: ICF-4, 1977, Vol. 4, S. 31.
[61] Carlsson, J.: In: Wiss. Ber. Zentralinstitut für Festkörperphysik und Werkstoffforschung Dresden (Tagungsber. Hetzdorf 1979), Nr. 19, S. 1.
[62] Paris, P. C. u.a.: In: ASTM STP 668 (1979), 5.
[63] Smith E., : In: [12], Vol. 2, S. 793.
[64] Druce, S. G.: In: [12], Vol. 2, S. 843.
[65] Regener, D. u. H. Blumenauer: Neue Hütte 26 (1981), H. 4, 128.
[66] Froes, u.a.: In: ICM-3, 1979, Vol. 3, S. 403.
[67] Hornbogen, E.: Hochfeste Werkstoffe, Düsseldorf: Verlag Stahleisen m.b.H. 1974.
[68] Schwarz, W., R. Gattringer u. H. Grohmann: In: [15].
[69] Bruch, U.: Diss. Univ. Bochum 1977.
[70] Zouhar, G., u.a.: V. Symposium Verformung und Bruch, Magdeburg 1979, Teil I, S. 37.
[71] Esper, F. J., C. M. Sonsino u. G. Lenze: In: Vorträge der 12. Sitzung des Arbeitskreises Bruchvorgänge 1980.
[72] Blumenauer, H., W. Böhlke u. K. Voigt: VI. Intern. Pulvermet. Tagung, Dresden 1977, 36–1.
[73] Tolev, N.: Diss. TH Magdeburg 1977.
[74] Tolev, N., H. Blumenauer u. K.-O. Prietzel: V. Symposium Verformung und Bruch, Magdeburg 1979, Teil II, S. 129.
[75] Dietze, H.-U. u. H. Blumenauer: Neue Hütte 24 (1979), H. 8, S. 296.
[76] Schwalbe, K. H.: In: [15].
[77] Pompe, W. u. W. Kreher: In: Vorträge zum Problemseminar Bruchmechanik Weiterbildungszentrum Festkörpermechanik, Konstruktion und rationeller Werkstoffeinsatz der TU Dresden, Heft 1/79.
[78] Claussen, N., J. Steeb u. G. Petzow: In: [15].
[79] Michler, G. H. u. K. Gruber: In: Strukturabhängiges mechanisches Verhalten von Festkörpern. Berlin, Akademie-Verlag 1979.
[80] Hoffmann, H. u. R. Newe: In: V. Symposium Verformung und Bruch, Magdeburg, Teil II, S. 163.
[81] Newe, R.: Diss.. TH Leuna-Merseburg 1980.
[82] Hoffmann, H., W. Grellmann, E. Hille u. R. Newe: Plaste und Kautschuk (im Druck).
[83] Hornbogen, E. u. K. Friedrich: Radex-Rundschau 1980, H. 1/2, S. 98.
[84] Schaper, M., F. Schlät u. S. Schädlich: In: Freiberger Forschungshefte B 214 (1980), S. 27.
[85] Bernstein, M. L., V. A. Zajmovskij u. S. V. Safronov: Neue Hütte 25 (1980), 10, S. 365.

FSC
www.fsc.org
MIX
Papier | Fördert gute Waldnutzung
FSC® C083411

Zeitfracht Medien GmbH
Ferdinand-Jühlke-Straße 7
99095 Erfurt, Deutschland
produktsicherheit@kolibri360.de